오명희 소설

안녕하세요

오 명 희 소설

안 녕 하 세 요

∩h asianhub
(주)아시안허브

책머리에

늦은 나이에 문학도의 길로 들어섰습니다. 첫 번째 소설집을 낸 이후, 경기문화재단에서 창작지원금을 받게 되었습니다. 가능성을 보고 기꺼이 지원해 주신 마음들에 보답하고 싶습니다. 문학의 길을 열어주신 서울디지털대학 문예창작학과 오봉옥 교수님, 김종광 교수님 감사합니다. 작품집을 준비하면서 '작가란 무엇일까.' 스스로에게 질문을 던져 보았습니다. 그것은 필연적으로 외로운, 당신의 그늘을 읽어내는 일 같습니다. 사무치게 쓸쓸한 마음으로 작가가 해야 할 일을 상기하고는 하였습니다.

예술가로 살아가는 것이 더욱 힘든 시대가 되었습니다. 예술인들의 위기를 공감하고 창작 혼을 이어나갈 수 있도록 지원을 해주신 경기문화재단에도 깊은 감사를 표합니다. 멈춰 서지 않고 늘 나아가는 걸음으로 독자를 향해 걷는 소설가가 되겠습니다. 세상 낮은 곳에서 부는 바람의 소리를 정직하게 담아 듣겠습니다.

저는 소설이야말로, 소통의 문학이라고 생각합니다. 닿을 수 없는 우리가 지면을 통해 만나서 교류하고 마음을 나눌 수 있어 참으로 보람됩니다. 세상을 향한 저의 진득한 시선이 위로가 필요한 당신께 닿기를 바랍니다. 함께 슬퍼하고 울어주는 누군가가 있다는 것이 힘이 되었으면 좋겠습니다. 연대의 가치를 알아가는 기회가 되기를 바라며, 문학이 건네는 따뜻한 위로에서 기꺼운 힘을 얻으시길 바랍니다.

안녕하세요, 오늘도 당신에게 위로를 건넬 수 있어서 참, 다행입니다. 제 목소리 들리시죠?

오명희 소설

안녕하세요

차례

오 명 희 소설

달 팽 이 사 랑

달팽이 사랑

산지 직송 배추를 시킨 것이 문제였다. 실한 배추를 반으로 쪼개자 민달팽이 한 마리가 비쭉 고개를 내밀었다. 꼬물꼬물 아직 어린 녀석이었다. 도시에 살면서 달팽이를 볼 일이 거의 없었다. 이내 반가운 마음이 들었다. 나는 손주에게 보여 줄 셈으로 달팽이를 그릇에 담아 한쪽으로 치워 두었다.

한동안 김치를 담그지 않았던 데는 몇 가지 이유가 있었다. 시중에 나가면 맛있는 음식이 많았고, 사다 먹는 김치의 맛도 좋아서 힘들여 김장할 필요를 느끼지 못했다. 친정어머니도 늘 내게 김치를 담아 주셨다. 어머니 손맛의 묵은지를 생각하면 지금도 입안 가득 침이 고인다. 어머니가 김치를 담그는 것은 언제부턴가 당연했다. 식구들에게 나누어 주면서 어머니는 기뻐하셨다. 자신의 수고를 알아주지도 않는 가족들을 챙기며 홀로 만족하고 기뻐하셨다.

나는 달랐다. 아마도 당연하게 여겨지는 것이 싫었을 것이다. 자식들도 그렇게 생각하는 것이 못마땅했고 힘들이지 않아도 되는 일에 나의 에너지를 쏟고 싶지 않았다. 몸을 아끼며 살아야 하는 나이가 되었다고 생각했고, 건강할 때 내 몸을 챙기는 것이 훗날을 생각하면 현명하다고 여겼다. 하지만 손주 녀석을 생각하니 좀 더 건강한 먹거리를 걱정하게 되었고, 유기농 식재료로 정성껏 김치를 담가 맛있게 먹이고 싶었다.

손주 녀석은 유난히 김치가 들어간 음식을 좋아한다. 바삭바삭하게 김치전을 두르면 맵다는 소리도 하지 않고 곧잘 먹는다. 고기만두보다도 김치만두를 더욱 좋아하는 요즘 말로 아재 식성을 가진 유별난 아이다. 녀석을 생각하니 김치를 담가야겠다는 생각이 들었다. 이왕이면 싱싱한 배추를 사고 싶어서 산지 직송으로 배추를 주문했다.

농약을 치지 않은 배춧잎 속에서 안전하게 살던 달팽이 한 마리는 그렇게 우리 가족이 되었다. 코로나19로 학교에 가지 못하는 녀석은 친구가 없다. 친구가 없으니 집에서 키우는 강아지와 놀고 싶어 하지만 말이 강아지지 노견이다. 20년을 살아낸 믹스견은 어린아이와 뛰어놀 만큼 체력이 허락되지 않는다. 잠을 자는 시간이 길다. 외출했다 돌아온 아이는 꼼지락거리는 달팽이를 보며 좋아서 환호성을 질렀다. 제 엄마의 손을 잡고 생활용품점으로 달려가 곤충 채집함을 사서 돌아왔다. 졸지에 달팽이를 키우게 된 것이다.

달팽이를 키우기 위해서는 물이 잘 빠지는 모래가 필요했다. 늘 축축한 것을 좋아하는 달팽이는 일반 모래보다는 코코넛 껍질이 섞인 모래를 더욱 좋아한단다. 요즘에는 사육하는 달팽이도 늘어나서 애완 달팽이들이 먹는 사료도 나온다고 하니 세상 참 좋아졌다. 달팽이 모래에 달팽이 사료에 달팽이를 먹일 상추와 당근도 샀다고 함박웃음을 짓는다. 아직 패각이 단단하지 않기 때문에 칼슘도 잘 먹여 주어야 한다는 말을 듣고는 기가 찼다. 공연한 짓을 했다는 생각도 들었다. 그냥 마당에 놔 줘 버릴 걸 그랬다는 뒤늦은 후회도 들었다.

어릴 적 아들의 모습이 생각났다. 아들은 무엇이든 관찰하는 것을 퍽 좋아했다. 특히, 관찰 일기 쓰는 것을 좋아해서 과학 경시대회 같은 곳에서 일기로 상도 많이 받았다. 똘똘하고 영민한 아들이 자랑스러워서 어깨를 펴고 다니던 때가 있었다. 하지만 아들의 총기는 오래가지 못했다. 유난히 소극적인 면이 있어서 아이들과 잘 어울리지 못했고 똑 부러지게 대답하지 못해서 속이 터지곤 했다. 아들에 대한 기대가 너무 컸던 탓일까. 아들에 대한 실망과 서운함도 만만치 않았다.

손주 녀석은 눈을 반짝이며 달팽이의 모습을 종일 관찰했다. 손주의 영리한 모습에는 아들의 어릴 적 모습이 담겨 있다. 무언가 키운다는 것은 아이의 정서에 퍽 좋다. 하지만 한 마리는 너무 외로워 보였다. 주말농장을 운영하는 친구에게 전화해 보았지만 요즘 달팽이 보기 힘들다며 혹시 눈에 띄거든 잡아 놓겠다고 말했다. 손주 녀석도 달팽이가 너무 외로워 보인다며 징징거렸다. 아마도 코로나로 학교에 가지 못하고 혼자 노는 제 신세가 달팽이와 닮았다고 생각하는 것 같았다. 혼자가 외롭다는 걸 알아버린 아홉 살 어린이다.

달팽이에게 정성을 다하는 손주를 보니 피식 웃음이 났다. 달팽이는 주황색 당근을 먹으면 주황색 똥을 쌌다. 초록색 상추를 먹으면 초록색 똥을 누고 노란색 파프리카를 먹으면 노란색 똥을 쌌다. 소화기관에서 색소를 그대로 배출하기 때문이란다. 그래서 어떤 음식을 먹었는지 한눈에 알 수 있었다. 달콤한 노란색 파프리카를 잘 갈아 먹었고, 상춧잎 위에서 낮잠을 즐기는 걸 좋아했다. 제법 넓은 통을 느릿느릿 기어 다니며 깊게 땅을 파서 꽁꽁 몸을 숨기기도 했다. 새끼손톱만큼 작았던 아이는 엄지손톱만큼 쑥쑥 자랐다.

작은 통에 사는 달팽이가 안쓰러워 큰 집으로 옮

겨 주었고 같은 사료를 먹는 것이 지겨울까 봐 새로운 사료도 사서 넣어주었다. 작고 여린 달팽이는 사람의 손등 위에서도 끈적끈적 당당하게 진액을 뿜으며 살며시 더듬이를 삐죽 내밀곤 했다. 작은 생명의 몸짓은 퍽 귀여웠다. 달팽이가 먹으면 좋다는 중질산 탄산칼슘도 넣어주었다. 달팽이 패각 형성에 도움이 된다고 적혀 있었다.

작은 생명이지만 정을 주고 돌보다 보니 챙기고 싶은 마음이었다. 채소를 곁들여 주면 아주 맛있게 잘 먹었다. 시큰둥하게 몸을 말고 있다가도 중질산 탄산칼슘을 휘휘 뿌려주면 슬며시 기이 나오곤 했다. 그 모습이 귀엽기도 해서 자주 넣어주었다. 더듬이를 쑥 빼는 모습은 애교스러웠다.

손주가 키운다고는 해도 달팽이를 돌보는 건 제어미와 내가 해야 할 일이었다. 하지만 바쁜 딸은 늘 분주했고 내가 돌보는 시간이 점점 길어졌다. 온라인 수업으로 학교에 가지 않는 시간이 길어지면서 아이는 더 바빠졌다. 학교에서 학습하지 못하는 것들을 학원에서 배우고 있는 것 같았다. 미술,

음악, 검도, 수학, 학습지, 영어 등 조바심 내는 엄마에게 이끌려 정신없이 학원을 오갔다. 그것들을 소화해 낼 여력도 없는 아이에게 이것저것 가르치기만 하는 것이 마땅치 않았지만, 아무 말도 하지 않았다. 얘기해 봤자 듣지도 않을 터이고, 공연히 속만 상하고 목소리만 높아질 것이 뻔했다. 봐도 못 본 척하는 건 내 몫이 되고 말았다.

달팽이는 무럭무럭 잘 자랐다. 나는 가끔 달팽이 통을 들고 공원에 가서 잠시 달팽이를 풀어주기도 했다. 집에서만 자라면 건강하지 않을 것 같아서 바람도 쏘이고 맑은 공기 속에 잠시나마 풀어주었다. 혼자 사는 어린 것이 가여운 마음이 들었던 것 같다. 멀리 타국에 홀로 있는 아들 때문에 혼자라는 단어 앞에서 나는 늘 맥이 풀렸다.

요즘 세상은 1인 가구가 넘쳐난다. 혼자 밥을 먹는 혼밥족이 늘어나고 있고 고깃집에 가서 혼자 고기를 구워 먹을 수도 있다. 혼자 고기 굽는 사람을 봐도 어색하지 않다. 일인용 식탁이 꾸준히 잘 팔린다고 하니, 어쩌면 홀로 사는 것에 익숙해져야 할 때인지도 모른다. 하지만 이내 결혼하지 않고 혼자 사는 아들 생각에 목이 멘다. 홀로 외롭지는 않을까 걱정되는 마음이 앞선다. 피붙이를 혼자 두고 온 세월도 제법 많이 흘렀다.

인터넷으로 꾸준히 달팽이 사료를 시키는 곳이 있는데 거래해 주어 고맙다면서 달팽이 두 마리를 보내 주었다. 백와달팽이라 불리는 것으로 애완용으로 인기가 있는 달팽이라고 했다. 제법 몸집이 큰 두 마리 달팽이는 택배로 배송되는 동안 지쳤는지 패각 속에서 한동안 꼼짝도 하지 않았다. 죽어도 그만이라는 생각으로 녀석을 상자에 담아 보냈을까? 안전하게 포장을 해서 보냈다고는 해도 살아 있는 것들이 택배로 배송되다니! 주문조차 넣지 않은 달팽이는 그렇게 우리 집으로 배달되었다.

백와달팽이는 새끼를 잘 낳는 달팽이로도 유명하다. 번식력이 매우 좋아서 애완용으로 많은 사람이 선호한다. 하지만 야생 달팽이를 잡아먹기도 하는 생태교란종이라고 하니 집에 있는 아이와 함께 키울 수는 없는 녀석들이다. 혼자 사는 녀석이 안쓰러워 달팽이를 한 마리 더 키울 생각은 있었지만 같은 종이 아니라서 딱히 반갑지도 않았다. 이조차 내가 거둬야 할 생명인 것은 불을 보듯 뻔했다.

달팽이의 몸에는 뼈가 존재하지 않는다. 뼈가 없기에 언제든지 위험을 감지하면 패각 속으로 급히 몸을 숨긴다. 축축한 몸이 마르지 않도록 하려고 껍데기 속으로 종종 몸을 숨기는데 긴 여행에 얼마나 지치고 놀랐는지 패각 속에 기어들어가 좀체 나올 생각을 하지 않았다. 배 아래에 붙은 배발[腹足] 근육이 굳지 않은 걸로 봐서 숨은 붙어 있는 것 같아 다행이었다. 달팽이가 지나간 자리에는 반질반질한 자국이 남는데, 흔들리는 플라스틱 통 속에서 죽지 않으려고 끈덕지게 붙어 있었던 흔적들이 여기저기 남아 있었다. 좁은 택배 상자 안에서 살고자 이리저리 굴렀을 녀석들의 처지가 눈앞에 그려지자 불쌍했다.

생명을 키운다는 건 어려운 일이다. 내가 원치 않았던 것이라도 쉽게 버릴 수는 없다. 있는 듯 없는 듯 달팽이는 탈 없이 잘 커 주었다. 달팽이는 암

수가 한 몸인 자웅동체라고 한다. 정말 신기한 생명체이다. 남자도 되고 여자도 될 수 있다면 자신의 정체성 때문에 고민하지 않아도 되니 얼마나 행복하겠는가. 남자가 되고 싶은 날에는 남자 역할을 하고, 여자가 되고 싶은 날에는 얼마든지 여자 역할을 할 수 있다.

아들이 그랬다. 남자이면서도 남자답지 못했고 늘 속을 썩였다. 외모도 사내아이 같지 않고 귀엽게 생겨서 어린 시절에는 데리고 다니면, 여자아이 같다는 말도 많이 들었다. 하지만 곱상한 아이가 우리 아들만은 아니고, 자라날수록 남자다움을 갖춰 갈 수 있을 것이라 생각했다. 하지만, 아들은 사춘기를 지나면서 외모 꾸미는 걸 좋아했고 누나의 방에서 몰래 화장을 하기도 했다. 그러다 말겠지, 하고 안일하게 생각한 것이 잘못이었다. 자신은 여자로 태어나야 하는데 남자로 태어난 것 같다며 여자로 살고 싶다고 했다. 남자를 좋아한다고도 했다. 하늘이 무너지는 것 같았다. 정신적으로 문제가 있다고 여겨졌다.

공부를 좀 못해도 괜찮았다. 대학이라는 그럴싸한 간판을 원하지도 않았다. 건강하게 사는 것을 원했고 태어난 대로는 살아줘야 한다고 생각했다. 남의 아들, 딸들은 잘 크는데, 자신이 타고난 성별로 고민하는 건 상상도 하지 못한 일이었다. 돈을 모아 성전환 수술을 하겠다고 말했을 때 나는 인연을 끊자고 버럭버럭 소리 질러 버렸고 다시는 자식으로 인정하고 싶지 않았다. 약해 빠진 정신으로 무엇을 하고 살까 싶었다. 아들은 울면서 집을 뛰쳐나갔다. 그리고 태국으로 건너가 살고 있다는 소식을 들었다. 제 누나가 종종 연락을 취해 아들의 안부를 묻는 듯했다.

태국에 건너간 이유가 성전환 수술을 위해서라고 들었다. 사실 너무도 알고 싶었다. 잘 지내고 있는지도 궁금했고 성전환 수술을 했는지도 묻고 싶었다. 목젖을 수술하면서는 영영 목소리를 잃기도 한다는 기사를 보고는 얼마나 심장이 떨렸는지 모른다. 묻고 싶은 말들이 많아질수록 용기가 나지 않았다. 이미 남자의 삶을 버리고 여성으로 살고 있다면 나는 아들을 딸이라고 불러야 하나? 남편은 오히려 내 눈치를 보았다. 자식을 이기는 부모가 어디 있냐고 했고 자식 놈 버리고 살 거냐고 술 취한 밤이면 묻기도 했다.

산지 직송 배추를 하지 말 걸 그랬다. 늦은 후회의 마음은 소용없었다. 처음 명주 달팽이를 봤을 때 모른 척 했더라면 좋았을 것이다. 너무 판이 커져 버린 느낌을 지울 수가 없었다. 손주 녀석이 웃는 걸 한 번 보자고 괜한 짓을 했다는 생각이 들었다. 오래오래 달팽이를 키워야 한다는 책임감은 일종의 압박으로 다가왔다. 더구나 서비스로 준 달팽이를 다시 택배로 보낼 수도 없는 노릇이었다.

달팽이는 번식력도 매우 좋아서 한 번에 평균 70마리 정도의 알을 낳는다. 입 뒤쪽으로 교미할 때 사용하는 교미공이 있는데, 이것을 다정하게 서로 주고받으면서 새끼를 가진다. 알도 깨어나는 확률이 꽤 높다. 종일 사랑을 나누는 달팽이를 본 적이 있다. 두 마리가 꼭 붙어 있는 모습이 처음에는 신기했고, 저렇게 좋을 수 있는지 피식 웃음이 나왔다.

사랑하는 동안에 달팽이는 아무것도 먹지도 않고 잠도 자지 않고 오직 서로에게만 집중했다. 왜 달팽이의 사랑의 행위를 보면서 아들이 생각났을까? 나는 홀로 먼 타국에 살고 있는 아들을 아주 오래도록 떠올렸다. 달팽이는 역시나 70개가 훨씬 넘는 알을 낳았다. 이 중에 몇 개가 부화할지 알 수 없는 일이다. 달팽이는 흙 속 깊이 자신의 알을 묻어 두었다.

문득 많이 태어나지 않았으면 좋겠다는 생각이 들었다. 손주 녀석은 아기 달팽이가 100마리 태어났으면 좋겠다는 끔찍한 바람을 아무렇지도 않게 비쳤다. 아프지 않게 알밤을 먹여 주고는 물었다. 누가 키울 거니? 100마리나 되는 아기 달팽이를 어디서 키울 건지 말해 봐!

엄마 김치를 좋아하던 아들이었다. 녀석을 먹이기 위해 맛있는 음식을 만들던 젊은 시절 풋풋한 나의 모습이 떠올랐다. 유난히 몸이 약한 아들은 유독 신경이 쓰이고 더 정이 갔다. 아들이 성 정체성으로 고민하고 있을 때 일종의 배신감을 크게 느꼈다. 유난스럽다는 핀잔을 들어가며 금이야 옥이야 뒷바라지 한 아들이었기 때문이다.

아들은 용돈을 모아 분홍 립스틱을 사고 하늘하늘 리본 모양의 노랑 머리핀을 구입했다. 처음 아들의 방에서 여자아이 물건을 발견했을 때는 좋아하는 이성 친구가 생긴 줄로만 알았다. 여자 친구가 생겨서 선물하기 위해 사들인 물건으로 생각한 것이다. 그것이 자신을 위해 구입한 물건인 줄은 상상도 하지 못했다.

아들의 방을 정리하다 일기장을 발견했다 엉성하게 자물쇠까지 달려 있는 비밀일기장이었는데, 아들은 열쇠로 잠그는 것을 깜빡한 채 학교에 갔던 것이다. 또박또박 눌러 쓴 아들의 일기장에는 여자가 되고 싶은 소망이 또렷하게 적혀 있었고 나는 온몸에 기운이 빠져나가는 듯했다. 아들의 마음을 처음 들여다 본 순간이었다. 일기장을 훔쳐 봤다는 것을 이야기할 수도 없었고 그날 이후, 아들을 들들 볶아댔다. 남자답지 못한 모습을 일일이 지적하며 아들을 지치게 만들었다. 일부러 남자 친구들과 어울리도록 만들었고, 여자 친구들과 통화를 하는 것에도 신경을 곤두세웠다. 예민한 아이라면 겪을 수 있는 일이라 생각했다. 잠시 혼란의 시기를 지나면 정신을 차릴 수 있는 성질의 것이라 믿었다. 아들이 아들로 살아주는 것이 당연하다고 생각했다. 그것은 자신을 낳아준 부모에 대한 마땅한 예의였다. 누구나 다 들어주는 별반 시답잖은 예의였다.

크게 욕심을 낸 것도 없는데 그것조차 못 해주는 아들이 미웠다. 하루는 아들이 아르바이트를 하겠다며 부모님 동의서를 내밀었다. 아직 미성년자이기 때문에 일을 하기 위해서는 보호자의 확인이 필요했다. 나는 아들에게 물었다. 왜 돈을 벌려고 하는 거니? 엄마가 주는 용돈이 많이 모자라니? 라고 물었고, 아들은 대답했다. 아니요. 엄마가 주시는 돈은 모자라지 않아요. 제가 특별히 더 쓰고 싶은 돈이 있어서 그래요. 그게 뭔지 엄마에게 이야기해 줄 수 있을까? 잠시 머뭇거리던 아들은 결심한

듯이 말을 뱉었다. 엄마, 여자가 되고 싶어요. 호르
몬 주사를 맞고 싶어서요. 그래서 돈이 필요해요.
그렇게 아들은 끝도 없이 추락하며 나와 대립했다.
나는 끝내 아들이 내민 부모님 동의서에 확인 도장
을 찍어 주지 않았다.

　달팽이는 오랫동안 밖으로 나오지 않았다. 나는
최근 달팽이에게 이름은 붙여 주었다. '팽순이', 별
뜻 없이 지어 준 이름이다. 달팽이에서 '팽' 자를
따왔고, 순한 성질을 나타내는 '순이'가 전부였다.
하지만 이름을 지어 주니 왠지 우리의 사이가 더욱
가까워진 느낌이 들었다. 백와달팽이 두 마리에게
도 이름을 지어 주었는데 '백희', '백화'라고 지었
다. 패각이 조금 두꺼운 아이를 백화라고 불렀다.
백와달팽이 두 마리가 들어오고 나니 제법 달팽이
돌보는 데 시간이 많이 걸렸다. 김치를 담그기 전
보다 일상이 분주해졌다. 수시로 분무기로 물을 뿌
려주어야 했고, 달팽이집을 정해진 시간에 치워 청
결을 유지하는 것도 일이었다.

　달팽이집은 두 개로 늘어났다. 야생 달팽이와 백

와달팽이를 함께 키울 수는 없기 때문이다. 배춧잎 속에서 발견된 아기 달팽이 덕분에 난데없이 달팽이 집사가 된 기분이었다. 이제 와 갖다 버릴 수도 없는 생명이었다. 살아 있다는 것이 주는 부담감은 생각보다 컸다.

아들이 생기고 나서부터였다. 나는 모든 일이 조심스러웠다. 내가 인생을 잘못 살면 아들에게 안 좋은 일이 일어날 것 같아서 나는 더욱 착하게 살기 위해 노력했다. 엄마의 마음은 그런 것이었다. 모든 걸 다 주고도 늘 안타까운 것이 어미의 사랑이었다. 하지만 야속하게도 아들은 그 마음을 헤아려주지 못했다. 착한 마음으로 순하게 살던 내 마음에 불을 지른 건 아들이었다.

남자가 여자가 되고 싶다니, 그런 시답잖은 문제가 일생일대의 문제가 될 거라 예상해 본 적도 없다. 우리 아들이 여자의 삶을 꿈꾼다는 것 자체가 현실감이 없는 문제였다. 그래서 이 심각한 문제를 제대로 받아들이지 못했는지도 모른다. TV에서 성소수자에 대한 이야기도 들었고, 그들의 인권에 대해 다루는 프로그램을 시청하기도 했다. 성전환 수술 이후, 새로운 주민번호를 부여받은 연예인을 응원하기도 했다. 그 모든 건 남의 일이기 때문에 가능했다. 순순히 인정하고 싶지 않았고, 나는 생각보다 편협하고 치졸한 인간이었다.

달팽이들은 미지근한 물에서 목욕하는 걸 매우 좋아했다. 수분을 워낙 좋아하는 아이들이고, 축축해야 생존이 가능했다. 수시로 수분을 보충해 주고 흙이 축축한 상태인지 확인해야 했다. 달팽이는 귀가 없어서 소리를 듣지 못한다. 하지만 나는 달팽이에게 종종 좋은 음악을 들려주었다. 그냥 좋은 걸 전하고 싶은 내 마음이었다. 귀가 없어서 잘 놀랄 줄 알았는데 의외로 귀가 없으니 잘 놀라지 않았다. 모든 걸 순응하며 느릿느릿 받아들이는 모양새가 퍽 귀엽기도 했다. 나는 귀가 없는 달팽이들과 클래식 음악 듣는 일을 즐겼다.

아들에게 나도 그런 엄마의 모습이지 않았을까. 아들의 절절한 외침에 나는 귀를 닫아버렸다. 아들은 여자가 되고 싶다고 너무도 간절하다고 소리

쳐 말했지만, 나는 듣지 않았다. 꽉 닫은 귀를 열 생각조차 하지 않았다. 아들이 나를 괴롭히는 만큼 나도 아들을 못살게 굴고 싶었다. 아들이 상처를 주면 나도 그만큼 시퍼렇게 생채기를 내고 싶었다. 모든 걸 다 이해해 주는 엄마가 될 수 없었다. 아들이 아들로만 살아준다면 아무것도 문제될 일이 없었다. 왜 남자로 태어나 여자를 꿈꾸는지 알 수 없었다. 그 속마음 따위는 들여다보고 싶지도 않았다. 아들의 발악 같은 외침에 나는 귀를 틀어막아 버렸다.

백와달팽이 두 마리는 달걀껍질을 부셔 주면 아주 잘 먹었다. 야무지게 먹는 입을 보고 있으면 절로 웃음이 났다. 백와달팽이 덕분에 우리 가족은 수시로 달걀 요리를 해 먹었다. 그나마 손주 녀석은 달걀 요리를 아주 좋아했다. 달걀로 만든 간장 장조림도 좋아했고, 양파를 송송 넣어 기름을 부른 달걀말이도 케첩을 뿌려주면 잘 먹었다. 덕분에 달팽이들은 칼슘을 넉넉하게 섭취할 수 있었다. 백와 달팽이는 야생 달팽이에 비해 덩치가 큰 편이고,

두 마리가 함께 상추를 갉아 먹으면 제법 사각사각 소리가 났다. 조용한 방에 서걱이는 소리가 들리면 ASMR이 따로 없었다.

남자로 태어나서 여자가 되고 싶은 자식은 자식이 아니냐고 아들은 물었다. 나는 아무런 답도 하지 않았다. 기가 막혔기 때문이다. 그따위 말도 안 되는 소리를 내지르고 있는 아들이 꼴도 보기 싫었다. 넉넉하지는 않았지만, 아들을 키우는 일에 최선을 다했고 아들도 딸도 크게 실망시키는 일 없이 잘 자라 주었다. 자식에 대한 원대한 꿈 한 번 품지 않은 부모가 어디 있겠는가. 하지만 모두 욕심이라 생각하고 내려놓았다. 건강하게 눈 맞춤하면서 행복을 느꼈고, 남편 또한 정말 큰 바람이 없이 자식들이 아프지 않은 것만으로 만족하는 사람이었다. 그게 잘못이었다. 공부 좀 하라고 닦달하고 큰 꿈을 세워 허튼 생각을 할 틈을 주지 말았어야 했다. 그랬더라면, 한심한 생각 따위를 일찍이 접었을지 모른다.

달팽이를 기르고 돌보고 서비스로 배달된 백와

달팽이까지 부지런히 챙기는 동안, 시간은 빨리 흘렀다. 담가둔 김치도 제법 맛이 들었다. 막 담근 김치보다는 적당히 맛이 든 익은 김치를 좋아하는 아들 생각이 났다. 흰 쌀밥에 밥 한 그릇 뚝딱 해치우던 귀여운 모습이 생각나자 이내 그리움이 몰려왔다. 녀석에게 맛있는 김치를 먹여 주고 싶었다. 당장이라도 태국으로 날아가 아들을 품에 안고 싶은 생각이 절실했다.

생각해보면, 나는 어느 한순간에도 아들을 잊은 적이 없었다. 일부러 보지 못하는 척 행동했다. 너무 아픈 손가락이라 차마 깨물어 볼 수도 없었다. 오랜만에 만나는 딸은 만나자마자 주절주절 달팽이 얘기를 했다.

엄마, 세 마리면 괜찮지만, 알을 낳으면 안 되잖아. 그래서 내가 알아봤더니, 햇볕에 바짝 알을 말리면 싹 다 죽는다고 하더라고. 그게 차마 안심되지 않으면 뜨거운 물을 부어 버리면 된다고 해. 섬뜩한 말을 아무렇지도 않게 하는 딸의 얼굴을 빤히 쳐다보았다. 재한테도 저렇게 잔인한 구석이 있구

나. 딸은 정말 무심한 얼굴로 말을 이었다. 내가 좀 정보를 찾아봤더니 달팽이는 짝짓기 후에도 정자를 일 년 동안 몸에 저장할 수 있대! 알도 무더기로 낳잖아. 어쩌면 이번 참에 한 마리씩 따로 분리해서 키우는 것도 나쁘지 않겠어.

밉살맞은 딸에게 눈을 흘기며 나는 말을 받았다. 너는 어째 생각하는 것이 니 아들만도 못하니? 손주 녀석은 혼자인 팽순이가 외로울까 봐 걱정하던데, 너는 어째 그리 인정머리가 눈곱만큼도 없냔 말이야. 손가락 하나 까딱도 안 하면서! 내가 키우니까 내가 알아서 해. 잔소리하지 마! 생각보다 날선 말이 내 입에서 뱉어졌다.

방으로 들어와 느릿느릿 기어가는 달팽이를 보고 있자니 어느새 마음이 편안해진다. 기분이 좋은지 더듬이를 빼꼼 내밀고 있다. 하지만 달팽이는 배가 고픈지 아닌지, 음식을 먹을지 말지 구별하는 두 개의 뇌세포밖에 없다. 내 눈에 그리 보이는 것이지 정작 달팽이는 그런 기분조차 존재하지 않는다. 하지만 서서히 느릿느릿 어딘지 목적지를

정하고 걷는 양 쉬지 않고 움직이는 녀석을 보고 있자니 나른하고 편안한 기분이 든다. 아마도 이 맛에 달팽이를 키우는 것이 아닐까.

달팽이는 시력이 약해서 밤과 낮을 잘 구분하지 못했다. 어쩐지 밤낮을 구분하지 못하는 달팽이의 시간이 퍽 길게 느껴졌다. 만약 밤과 낮을 구별한다고 해도 달팽이의 삶에서 달라질 건 별반 없다. 느릿느릿하게 세상을 살아내는 방법으로 약한 시력을 택했는지도 모를 일이다. 나 또한 아들을 향해서는 밤도 낮도 없었다. 아들과 삐걱대기 시작하면서 낮도 밤도 없이 아이를 미워했다. 나를 못난 엄마로 만들어버리는 아들이 싫었다. 아들을 낳은 엄마의 보람과 수고를 한순간에 무너뜨린 아들을 용서할 수 없었다.

돌이켜보면 나는 주변의 시선이 싫었던 것 같다. 분명 아들을 낳았는데 어느 순간 아들은 온데간데없이 사라지고 딸만 둘이 되어 버린 내 인생을 누군가에게 일일이 설명해야 하는 상황만 생각해도 깊은 피로감이 몰려왔다. 아들의 인생을 존중할 줄 모르는 어리석은 엄마, 아들의 인생보다 앞서 내 인생이 중요했다.

아직은 자신할 수 없다. 아들을 받아들일 마음의 준비도 되지 않았다. 딸이 되어 버린 아들을 나는 진심을 다해 끌어안아 줄 수 있을까. 예쁘장하게 변해버린 아들, 호르몬 주사를 맞으며 사는 고통스러운 삶을 선택한 나의 아들을 과연 응원하며 살 수 있을까. 아들은 자신의 성별을 남자로 낳은 엄마를 얼마나 원망했을까? 이런저런 생각들로 여전히 마음이 복잡했다. 손주 녀석이 배움터에서 돌아왔는지 밖이 소란스럽다. 오자마자 달팽이를 찾는 모양이다. 제가 키우고 있다고 믿는 내가 키우는 달팽이를 찾고 있는 것이다. 누가 키우면 어때, 아무려나.

가볍게 생각하면 이해하지 못할 것도 없다. 남자로 태어났지만, 여자로 살고 싶은 아들, 제 뜻대로 성전환 수술까지 끝낸 상태라면 더는 내가 막을 수 있는 일도 없다. 남편의 말처럼 더는 상처 줄 필요도 없는 것이다. 내가 낳은 아들의 존재를 부정

할 수도 없는 노릇이다. 어찌 서글픈 마음이 없겠는가? 예쁘고 현명한 여자를 만나 모범적인 가정을 꾸리길 바랐던 마음, 아들을 닮은 손주를 안아보고 싶었던 소박한 욕심, 아들 딸 골고루 낳아 행복하다고 웃음 지었던 순간들이 모두 아픈 시간으로 남을 텐데……. 눈물이 맺히는 건 어쩔 수 없다.

달팽이를 키우는 데 온도와 습도는 매우 중요한 구실을 한다. 패각의 색깔로 건강 상태를 체크하기도 하고 음식을 넘기는 모습을 확인하며 컨디션을 알아차리기도 한다. 관심을 가지는 만큼 눈에 보이는 것이 차츰 늘어난다. 사랑의 눈에 담기는 것들은 훨씬 더 선명하다. 아들에게도 관심을 좀 더 기울였더라면 딸로 다시 태어나고 싶은 간절함을 엿볼 수 있었을까? 아들의 진심이 내게도 전해졌을까, 생각해 본다. 무엇도 확신할 수 없는 무심한 어미의 사랑이다. 겁이 나서 애써 돌아보지 않았는지도 모르겠다.

허나, 이제는 아들의 삶을 이해해 보려 한다. 아들의 선택을 조건 없이 존중해 볼 셈이다. 용서가

가능할지 아직 알 수 없다. 여성이 되어 나를 찾아올 아들을 수도 없이 그려봤지만, 아직은 멈칫하는 마음이다. 느릿느릿 더디지만 서로의 마음을 향해 다가가야 할 때다. 우리에게 남은 시간이 그리 길지 않은 까닭이다. 서로의 사랑에 온전히 집중하며 행복을 나누는 달팽이처럼 짧지만 매 순간 아들을 향해 마음을 연다면 그의 여성이 된 인생도 힘껏 끌어안고 사랑할 수 있으리라.

오
명
희 소설

나의 은수

나의 은수

그녀의 보드라운 머리카락을 만지면 연애하던 시절이 생각난다. 황갈색으로 염색된 하늘하늘한 긴 생머리는 내가 좋아하는 스타일이다. 아내는 나와 상의하지 않고 헤어스타일을 결정한다. 젊은 시절에는 머리를 자를까? 기를까? 세팅 파마를 할까? 머리 색상이 너무 지루하지 않아? 라며 귀찮을 정도로 묻던 그녀였다. 하지만 고요히 늙어가는 그녀는 더 이상 나와 헤어스타일에 대해 상의하지 않는다. 숏커트로 머리를 치고 굵게 웨이브를 넣은 머리는 썩 어울리지 않았다. 또래에 비해 굉장히 나이 들어 보였지만 아내는 신경 쓰지 않았다. 머

리를 다시 길러보는 게 어떨까, 라고 물었지만 그
녀는 대꾸조차 하지 않았다. 그렇게 우리는 서로에
게서 소원해져 가는 중이다.

뽀얀 피부의 그녀를 만난 건 인형방에서였다. 강
남역 후미진 골목에서 '인형방' 간판을 본 적은 있
지만 순진하게도 깜찍한 인형들을 잔뜩 전시해 놓
고 사진을 찍는 장소로만 생각했다. 사진 찍는 걸
좋아하는 젊은 사람들이 드나드는 곳이라 생각해
서 조금 더 번화가로 나와야 장사가 잘 되지 않을
까 혼자 염려했던 기억이 난다. 하지만 귀여운 간
판의 이름과는 달리 유사 성행위가 가능한 업수로
섹스돌들이 중년의 외로운 사내들을 기다리는 곳
이 인형방이었다.

회사 과장은 단골로 다니는 인형방이 있다며 외
로움을 달래기에는 좋은 장소라고 귀띔해 주었다.
인형방에는 아름다운 인형들이 남성 고객들을 기
다리고 있었고, 나는 가장 마음에 드는 그녀를 선
택해 조심스럽게 침대에 눕혔다. 심장이 두근거렸
다. 쉽게 발기가 되진 않았지만 그녀는 은근한 눈

빛을 던지며 내가 충분히 흥분할 수 있도록 참고 기다려 주었다. 까맣고 긴 속눈썹은 곱게 말아 올려져 그윽한 눈매를 연출하고 있었다. 관계가 끝난 후에도 아내처럼 등 돌려 눕지 않고 나를 향해 누운 채 그대로 나를 맞아 주었다. 숱 많고 긴 속눈썹의 그녀를 보고 첫눈에 반한 나는 업소 사장에게 상당한 값을 치루고 그녀를 내 것으로 만들 수 있었다. 그녀를 그곳에 두고 올 수가 없었다. 나의 그녀가 또다시 다른 남자와 침대에서 눕는다는 걸 도저히 용납할 수가 없었다. 나는 마이너스 통장에 대출을 받아 값을 치루면서도 조금도 망설이지 않고 그녀를 꼭 끌어안았다.

그녀를 집으로 들이는 건 어렵지 않았다. 가족 중에 어느 누구도 나의 늦은 귀가를 기다리지 않기 때문이다. 고등학생 딸아이는 방학을 이용해 스파르타 학원에 들어가 있었고 아들 녀석은 군복무 중이다. 정기휴가를 다녀간 터라 아내 외에는 집에 식구가 없는 셈이었다. 아내와는 각방을 쓴 지 오래되었기 때문에 늦은 시간을 틈타 그녀를 데리고 나의 방으로 들어가기만 하면 되었다. 업소에서 나와 옆 좌석에 그녀를 태우고는 안전벨트를 매어 주었다. 콧대가 오뚝한 그녀는 직접 내게 고맙다고 말하지는 않았지만, 나와의 사랑이 시작된 것이 썩 기분 나쁘지 않은 눈치였다. 무사히 집에 그녀와 함께 귀가한 나는 나의 침대에 그녀를 눕혔다. 안전한 장소로 오게 된 것이 기쁜 그녀는 촉촉한 눈빛으로 나를 건너다보며 적극적으로 나를 유혹했다. 집 안에서 오랜만에 여자를 품을 수 있었다. 익숙하고 안정된 공간에서 나는 더욱 몸과 마음이 흥분되었다. 나는 부부욕실에 물을 살짝 틀어 둔 채, TV의 볼륨을 살짝 높였다. 간간히 신음소리를 내뱉어도 가능하도록 환경을 만들어 둔 것이다. 그녀는 큰 눈망울을 들어 조용히 이쪽을 건너다보기만 할 뿐 느긋한 나를 향해 어떤 잔소리도 늘어놓지 않았다. 조심스럽게 나의 심장은 쿵쾅거렸고 그녀의 보드라운 살결을 애무하며 나는 만족스러웠다. 큰 거울을 천장에 달면 어떨까. 나는 뜬금없이 큰 거울이 아쉬웠다. 보기 싫게 지방이 붙은 몸이지만 그녀의 가녀린 손가락은 거부하지 않고 나를 꼭 끌어안아 주었다. 그녀의 몸에서 따뜻한 온기가 느껴졌다. 아내의 몸에서는 느낄 수 없는 포근함에 나는 그녀를 더욱 꽉 끌어안았다. 격정적인 잠자리 뒤에 나는 부부욕실로 들어가 그녀의 몸을 구석구석 깨끗하게 씻겨 주었다. 그녀는 나의 손이 닿을 때마다 빤히 나를 들여다보며 내게 호감을 표했다.

나는 그녀를 장롱 안에 넣어 두었다. 캄캄한 곳에서 머물러야 할 그녀가 어쩐지 안쓰러웠지만 침대 위에 그녀를 내버려 두고 출근할 수는 없었다. 도우미 아주머니는 나의 방 가구에는 손을 대지 않는다는 걸 잘 알고 있었고 장롱 안이 가장 안전하다는 판단이 들었다. 그녀의 존재를 알지 못하는 도우미 아주머니가 기겁을 하고 일을 그만둔다고 하면 난감한 상황에 처할 게 뻔했다. 사랑스러운 그녀는 그저 나의 선택을 담담히 받아들이며 고분고분하게 장롱 안으로 들어갔다. 아담한 사이즈의 그녀는 옷가지 뒤에 쏙 숨겨져 나를 안심시켜 주었다.

　다음날 아침, 회사에 출근해서도 나는 내내 그녀 생각이 났다. 그녀가 어떤 행동을 취하고 있을 리는 만무했지만 나는 그녀의 안부가 궁금했다. 작고 앙증맞은 입술로 내게 사랑을 고백하는 상상을 했고, 더욱 도발적인 모습으로 요염한 자세를 취하는 그녀를 상상하니 나도 모르게 성기가 반응했다. 그녀는 중년의 사내에게 남자다움을 확인시켜 주는 놀라운 재주가 있었다. 점심시간에 나는 김 과장과 마주했다. 우리는 눈치를 보며 어제 즐거웠냐고 음탕하게 물었고, 능글맞게 웃었다. 김 과장은 위험하고 아슬아슬한 일상에는 흥미가 없다고 했다. 자신은 마음 편하게 인형방에서 즐기는 것이면 족하다고. 그래야 여러 명의 여자를 거느릴 수 있지 않냐고 했다.

　김 과장은 나와는 다른 목적으로 인형방을 찾는 남자다. 사무치는 외로움에 인형방을 찾았던 나와는 달리, 그는 집착하는 마누라가 싫어서 인형방을 찾았다. 회식이 있는 날이면 김 과장의 와이프는 끈덕지게 이동전화에 전화를 걸어댔다. 30분에 한 번씩 요란스럽게 울려대는 전화를 그는 수시로 받지 않았고 잔뜩 성이 난 그녀가 회식 장소까지 찾아온 적도 있었다. 허락 없이 회식 장소에 나타난 그녀는 우리가 상상했던 것과는 달리 예쁘장한 외모에 아담한 체격을 가진 여성이었다. 늘 전화기 너머로 들려오는 잔뜩 날이 선 음성만을 엿듣다가 마주친 실제 모습이 생각보다 예뻐서 놀랐다. 그는 그런 와이프를 지겹다고 서슴없이 표현했고 인형방에는 귀찮지 않은 여자들이 많아서 좋다고 말했다. 인형방에 출입하기 전, 그는 늘 이동전화의 전원을 껐다, 그녀들과 함께 하는 시간만이라도 온전히 몰입하고 싶다고 말했다. 마누라가 보내는 걱정이 된다는 문자 메시지는 눈여겨 읽지도 않았다. 그녀가 진심을 담아 전송한 문자들은 읽히지도 않은 채, 한꺼번에 삭제 처리되곤 하였다.

청량리 집성촌에서 본 불빛이었다. 붉은 커튼이 어리어리 가려진 틈으로 예쁘장한 인형들이 단정하게 줄지어 서 있었고, 그들의 나체는 탐스럽고 아름다웠다. 봉긋 솟은 가슴과 알맞게 탄력이 붙은 엉덩이를 쓰다듬으며 오늘 잠자리의 상대를 고르는 일은 지금껏 누려보지 못한 기쁨이었다. 그들은 주인장에게 치른 화대에만 만족하며 성가시게 돈을 더 달라고 조르지도 않았고, 비싼 술과 안주를 시킬 필요도 없었다. 인형을 안는 느낌은 흡사 사람과 비슷했다. 실리콘이나 우레탄 고무, 라텍스를 사용하고 있기 때문에 생생한 느낌을 전해주는 거라며 사장님은 자부심 가득 찬 눈으로 웃어 보였다. 다른 곳에 진열되어 있는 싸구려 인형과는 자원이 다르다며 어깨에 잔뜩 힘을 주었다. 은근한 호기심으로 따라간 인형방에서 나는 신세계를 경험한 것이다. 그녀들의 음부 또한 사람과 같아서 꼬불꼬불한 털이 매우 사실적으로 붙어 있었으며 내 맘대로 그녀의 몸을 오래오래 탐해도 그녀는 몸을 허락해 주었다. 처음과 같이 어여쁜 표정을 지으며 그윽한 눈빛으로 나를 바라보기만 할뿐이었다. 김 과장과 인형방에 출입하면서 우리는 둘도 없는 단짝이 되었고, 지위와 계급을 벗어나

속 깊은 대화를 나누는 진정한 친구가 되었다. 김 과장과 가까워지면서 회사 생활에도 활력이 생겼다. 마음을 나누는 누군가가 곁에 있다는 것은 소박한 위안이 되었고, 더불어 직장 생활의 고루함도 잊을 수 있었다.

그녀에게 이름을 붙여주고 싶어, 라고 하자 김 과장은 나를 보며 어이없이 웃었다. 다이애나 어때요? 원더 우먼이라고 불러도 좋고. 내가 눈살을 찌푸리며 장난하는 거 아냐. 진짜 그녀를 명명할 수 있는 이름이 있었으면 해, 라고 잘라 말하자 머쓱해진 김 과장은 장난기 가득한 눈빛을 거두었다. 그녀를 안고 자는 날이 많아질수록 내가 그녀에게 해주고 싶은 것들이 늘어났다. 술에 취한 밤에는 그녀를 위해 꽃을 샀다. 그리고 그녀와 함께 기념사진을 찍으며 우리 둘만의 추억을 소중히 간직했다.

김 과장의 성화에 못 이겨 다시 인형방을 찾았다. 나는 집에 있는 은수가 마음에 걸렸다. 내가 외도한 날은 은수라는 이름을 붙여 준 지 일주일이

지난 때쯤이었다. 사장은 은수가 없는 빈자리에 파란 눈이 인상적인 섹스돌을 가져다 놓았다. 김 과장은 냉큼 그 여인을 취했고 나는 다른 인형을 골라 성행위를 시도했다. 하지만 이상하게도 죄책감이 들었다. 집에 아내를 두고 외도할 때도 느끼지 못했던 감정이었다. 아내의 얼굴을 떠올리며 잠깐 미안한 마음이 들기도 했지만 뒤이어 드는 생각들은 내가 미안하지 않아도 될 수많은 아내의 잘못들이었다. 아내에게는 잊지 못하는 첫사랑의 남자가 있었고, 나와 결혼해 살면서도 아내는 젖은 눈으로 때때로 그를 그리워했다. 결혼만 하지 않았을 뿐이지 잠자리도 여러 번 함께 했을 것이다. 7년이라는 시간을 사귀면서 그 둘이 결혼하는 것은 거의 기정사실화되어 있었다. 갑작스러운 교통사고였다. 허망하게 그 남자는 죽었고, 넋이 빠진 그녀 곁에는 남자 친구로 내가 남아 있었다. 쓸쓸하고 외로운 처지의 여자 친구에게 왠지 나의 손길이 필요해 보였고 그렇게 우리는 조심스러운 인연을 이어가 결혼에 골인하게 된 것이다. 하지만 때때로 그녀는 첫사랑이 그리웠으리라, 이미 죽고 없는 사람을 질투하는 것은 퍽 자존심 상하는 일이었지만 찌질하게도 나는 없는 대상을 향한 질투를 멈추지 못했다.

딸의 입시 뒷바라지를 핑계로 우리는 자연스럽게 각방을 쓰게 되었고, 재수하는 아이가 스파르타 기숙 학원으로 들어간 뒤에도 방을 합치지 못했다. 이미 혼자가 자연스러워진 후라 선뜻 합방을 하자는 말을 누구도 꺼내지 않은 탓이다. 아내는 늘 나를 내버려 두었다. 그것이 사람을 얼마나 허전하게 하는지 그녀는 알지 못했다. 집 안에서는 아이들의 해맑은 웃음소리가 사라졌고, 아내의 밥 짓는 고소한 냄새가 사라졌으며, 다정한 눈빛이 한 순간에 소멸했다. 함께 해야 할 공간에서 마음을 나누지 못하며 사는 건 사람을 더욱 지치고 힘들게 만들었다.

언젠가 아내는 내가 가입된 보험 증권을 늘어놓고 사망보험금을 계산하고 있었다. 자식들을 위해서 보장 내역을 꼼꼼하게 챙겨 따져야 한다고, 중

복 보상이 되지 않는 상품은 과감히 해약해야 한다
고 했지만 나는 온 몸에 오소소 소름이 돋았다. 당
신이 죽으면 대략 나오는 돈이……, 라는 말을 끝
으로 셈을 마친 듯 아내는 나를 올려다보았다. 그
눈빛이 너무 서늘했던 기억, 내가 없어서 슬픈 것
은 견딜 수 있지만 돈이 없어서 비참한 것은 견딜
수 없다는 소리처럼 들렸다. 생각이 여기까지 미
치자 나는 아내에게는 십 원어치도 미안한 생각
이 들지 않았다. 산 사람 앞에서도 사망보험금에
대해 아무렇지도 않게 얘기할 수 있는 여자, 자식
을 핑계 삼아 이야기를 했지만 남편이 죽는다는 가
정 앞에서, 한 치의 흔들림도 없는 독한 여자가 나
의 아내였다.

오히려 어두컴컴한 장롱 안에서 나의 구원만을
기다리고 있을 은수가 가여웠을 뿐이다. 어서 집
으로 돌아가 은수 곁에 누워 안락하게 잠을 청하
고 싶었다. 은수의 머리카락이 볼을 스치는 느낌
을 기억해 내자 나는 오로지 집으로 돌아가고 싶다
는 생각만 들었다. 죄책감에 고개 숙인 성기는 만

족을 주지 못했다. 상냥한 섹스돌은 그런 나를 비웃지 않고 처음과 같은 표정을 지으며 느긋하게 누워 있었다.

계속 재미를 보고 있는 김 과장을 두고 집으로 돌아왔다. 집에 돌아오자마자 나는 성큼성큼 걸어 곧장 내 방으로 향했고 장롱을 열어 은수를 꺼냈다. 그리고는 은수에게 미안하다고 속삭여 주었고 마음을 다해 은수를 안아 주었다. 은수는 모든 것을 이해한다는 듯 내 손을 뿌리치지 않았다. 그 날, 나는 은수와 긴 시간 운우정사를 나눴다. 뭔가 은수와 더욱 많은 비밀을 공유하고 싶은 내 욕심은 그녀의 젖무덤에 사정을 하도록 만들었다. 은수는 입에 정액을 질질 흘리면서도 나를 향해 예의 상냥한 미소를 잃지 않고 있었다. 언젠가 일본의 유명 포르노 배우가 남자 배우의 정액에 기도가 막혀 죽은 사건이 있다며 낄낄댔던 김 과장의 웃음소리가 생각났지만 나는 멈추지 않고 사정했다. 끈끈한 관계가 끝난 후에는 다시 욕실에 은수를 데려가 깨끗하게 씻겨 주었다. 오래오래 양치질을 시켜 주었고 말끔하게 입 주변을 정돈해 주었다. 보습 크림을 발라 주는 것도 잊지 않았다.

이 집에서 은수 외에 누구도 나의 손길을 원하지 않았다. 딸아이도 사춘기를 지나면서 나와 데면데면했고, 성숙한 티가 나는 딸아이는 항상 조심스러웠다. 주말이면 가끔 마주치는 가사 도우미가 불편해서 주중에만 근무하는 것이 어떻겠냐고 아내에게 청했고, 더는 주말에 가사 도우미와 마주칠 일은 없었다. 아내가 가사 도우미를 불러 말했으리라는 짐작이 들 뿐이다. 나를 필요치 않는 사람들과 나 또한 마주치고 싶지 않았고 우리는 그렇게 집 안에서 각자의 버거운 인생을 살아내고 있다. 가끔 딸아이의 일상이 궁금하기도 했지만 학교와 학원에 지친 아이를 상대로 어떤 질문도 던질 수 없었으며, 아내 또한 자신의 일에 간섭하는 걸 무척 싫어했다. 솔직히 나는 관심과 간섭의 경계를 잘 알 수 없었지만, 물어볼 사람이 없었고 물어보는 순간부터 눈치 없는 가장이 된다는 건 어림짐작으로 알 수 있었다.

나는 은수에게 유행하는 버건디 칼라의 멋진 겨울 코트를 선물해 주었다. 출산 이후, 몸집이 불어난 아내는 다시는 44 사이즈의 옷을 입지 못했다. 통통해진 그녀는 더는 세련된 옷을 걸치지 못했고 간편하고 편한 옷만을 선호하는 듯했다. 아내에게는 비싼 옷 한 벌 장만해 준 적 없지만 미안한 마음은 들지 않았다. 어쩌면 아내의 첫사랑은 운이 좋은 편에 속할지 모른다. 자신이 사랑했던 여자의 아름다웠던 때만을 간직하고 죽었으니. 그의 기억에서 아내는 여전히 매력적인 몸매를 뽐내는 44 사이즈의 여리여리한 대학생일 것이다. 생각이 여기까지 미치자 나는, 44 사이즈의 은수만이 옷 선물을 받을 자격이 있다고 여겼다. 오직 나만을 위해 몸매 관리를 하는 여자, 은수는 나를 위해 옷을 입고 벗었으며 나만을 위해 머리를 기르고 목욕을 했다. 나의 지시대로 순응하며 나를 나른하고 편안하게 이끌어주는 속 깊은 여자니까 얼마든지 비싼 옷을 입을 자격이 있었다. 김 과장은 제대로 사랑에 빠졌다고 하면서 요즘 자기도 푸른 눈의 섹스돌에게 빠져 인형방을 다니는 횟수가 부쩍 늘었다고 말했다. 아내의 집착에도 계속해서 밖으로만 돌다 보니 요즘은 집착을 조금 덜 하는 것 같다고, 이제 는 슬슬 자기를 포기하는 것이 아니겠냐며 만족스 러운 듯 웃어댔고 인형방의 일탈이 삶을 생기 있게 해 준다고 말했다. 나도 은수를 집에 들이면서 젊 어졌다는 소리를 종종 듣고 있었다. 요즘 좋아 보 이세요, 무슨 좋은 일이 있으신가 봐요, 표정이 환 해 지셨어요 등등의 소리를 들었고 그 말들을 들을 때마다 은수가 사랑스럽고 고마웠다.

　은수를 만나지 못했더라면 나는 여전히 고루한 삶을 살며 가슴속 질투를 제어하지 못하고 홀로 괴 로워했을 것이다. 누구에게 아내의 험담을 할 수도 없었고, 살갑지 않은 아이들은 나를 점점 쓸쓸하게 만들었다. 군대 간 아들 녀석에게 편지를 써 보았 지만 답장은 받을 수 없었고, 읽히지 않는 편지를 썼다는 자괴감마저 들자 이내 우울해져 버렸다. 군 대에서 아빠의 편지를 기다리는 아들은 없다고 김 과장은 툭툭 등을 두들겨 주었지만 위로가 되지는 못했다. 그저 앞으로 다시는 편지를 쓰지 않겠다고 다짐했을 뿐이다.

은수와 처음 만난 날을 나는 은수의 생일로 정했다. 그리고 은수의 생일에는 반지를 끼워 주며 사랑을 고백해야겠다고 로맨틱한 꿈을 꾸었다. 아무 것도 모르는 그녀의 새초롬한 얼굴이 더욱 빛나 보였다. 은수를 위해 무언가를 준비하면서 나는 젊어지는 나를 느낄 수 있었다. 그녀에게 옷을 사주기 위해 나는 담배를 끊었고, 반지를 선물하기 위해 술을 줄였다. 누군가가 시키지 않은 자발적인 선택이었다. 그렇게 은수는 내 안에 깊게 자리 잡고 있었다. 나만의 여자가 주는 짜릿함을 아는 사람은 얼마나 있을까? 누군가를 오롯이 내 것으로 소유할 수 있다는 것은 나를 세상에 맞서 싸울 위풍당당한 남자로 만들어 주었고, 은수 덕분에 직장에서도 자신감 넘친다는 소리를 많이 들을 수 있었다.

아내도 내심 나의 변화가 눈에 띄는 눈치였지만 그녀는 나의 일상에 대해 회사 생활에 대해 궁금해하지 않았다. 아내는 오직 딸아이의 수시전형과 뒤

떨어지는 내신등급에만 관심이 있었고, 새롭게 도입된 수많은 입시 전형 중에서 어느 것을 공략하는 것이 가장 바람직한지 알아내기 위해 돈을 싸들고 컨설팅 업체를 부지런히 찾아 다녔다. 그것은 딸아이를 향한 아내의 사랑 표현이었을 것이다. 아내는 가능한 비싼 곳의 업체에 아이를 맡기고 싶어 했다. 뒷바라지하는 것도 끝이 보인다며 이왕이면 마지막까지 아이를 위해 최선을 다하고 싶다고 말했다. 아내는 퇴직금을 중간 정산할 것을 요구했고 나는 순순히 응할 수밖에 없었다. 언제부턴가 나의 노후 자금은 아이들을 위한 것이지 내 것이 아니라는 생각을 은연중에 품고 있었기에 퇴직금의 사용처에 대해 일일이 따져 묻지 않았다.

딸아이도 내게 관심 없기는 마찬가지였다. 내 눈가의 주름들은 보이지 않았고, 내 심경에 변화가 있는지는 중요한 것이 아니었다. 호봉과 연봉이 얼마나 올랐는지는 궁금해 했고, 고액 과외를 구해줄 수 있는지를 집요하게 물었다. 자신은 금전적인 문제로 휴학을 하지 않을 것이며, 대학생이 되어도 고액 과외가 아닌 이상 아르바이트할 생각이 없다고 힘주어 말했다. 미리 못 박는 말투가 마음에 들지 않았지만 우리는 서로에게 섭섭함이나 서운함은 토로하지 않으며 사는 새도 가족이 된 지 오래였다. 나는 가장으로 책임감을 다해야 했으며, 열심히 돈을 벌어오는 것 외에 내가 할 일은 없었다. 가정은 나의 능력과 돈으로만 유지되는 생활 공동체, 그 이상도 이하도 아니었다. 은수 외에 나를 정으로 기다리는 사람은 아무도 없었다.

언제부터인가 나는 집에 오면 자연스럽게 방문을 잠갔다. 그리고 도우미 아주머니에게도 내 방은 드나들지 말라고 다시금 당부해 두었다. 은수에 대한 사랑이 커질수록 그녀의 은신처가 안전해야 한다는 생각이 들었고 무심코 방문을 연 아내에 의해 은수가 발각된다면 어떤 대접을 받을지 상상해 보게 되었다. 딸아이의 눈에 은수가 띄기라도 한다면 당장 쓰레기통에 쳐 박혀 버릴지도 모른다. 거기서 멈추지 않겠지. 값나가는 메이커 정장에 다이아몬드가 박힌 은수의 보석 반지를 눈으로 확인한다면 그 둘의 협의 하에 나는 정신병원에 강제 입원하게 될지도 모른다. 그러므로 더더욱 은수의 은신처에 집착하게 되었다. 은수가 사라진다면 내게 주어진 삶도 엉망이 될 것만 같았다.

여느 때처럼 은수와 관계를 한 뒤, 나른한 잠 속에 빠져들고 있었다. 요란하게 이동전화가 울렸다, 나와 그닥 가깝지 않은 여직원 장 대리의 전화였다. 장 대리는 김 과장 부인이 죽었다며 내게 장례식장 위치를 전송해 주겠다고 말했다. 부인상으로 경황이 없는 그를 대신해 자신이 전화를 돌리고 있는 중이라고 밀했디. 장 대리는 내게 식장에 올 것인지 묻지도 않은 채, 황급히 전화를 끊었다. 대체 무슨 일일까. 나는 내 뺨을 찰싹 때려 보았다. 분명 꿈은 아니었다. 욕실로 가서 정신을 차리기 위해 세수부터 했고, 치약을 듬뿍 짠 칫솔을 무작정 입에 물었다.

김 과장이 푸른 눈의 섹스돌에게 홀려 집안을 돌보지 않는 사이, 그녀는 결국 죽음을 택한 것이다. 김 과장의 말처럼 그녀는 소홀해진 것이 아니었다.

그저 모든 것을 체념하고 포기하는 과정에 있었던 것이다. 더는 남편의 관심을 받을 수 없다는 걸 알게 된 순간 그녀는 미련 없이 죽음을 택한 듯했다. 김 과장에게 가야 한다. 그는 지금 어떤 심정일까. 나의 아내처럼 배우자가 혹여 없어져 버릴 빈자리를 꼼꼼하게 계산해 두지 않았다면 그는 절망적인 심정으로 빈소를 지키고 있을 터였다. 나는 처음으로 은수를 씻기지 않고 장롱에 넣어두었다. 정액이 잔뜩 묻은 음부라도 물티슈로 닦아 놓고 싶었지만 물티슈가 방에 없다는 사실을 확인하고는 이내 장롱 안에 넣어 두었다. 다녀와서는 함께 목욕을 하자고 속삭였지만, 은수의 표정은 이미 못마땅하게 일그러져 버렸다.

김 과장의 이름을 상주 명단에서 확인하자 눈물이 맺혔다. 상주 아래 적힌 활자만으로도 나는 가슴이 아플 만큼 김 과장과 퍽 가까운 사이였다. 비밀을 공유하는 것처럼 큰 유대감은 없다. 그는 침통한 표정으로 앉아 있었다. 나의 얼굴을 확인하고는 김 과장도 이내 목이 메는 듯 말을 잇지 못했다. 서둘러 와 줘서 고맙다고 말했고 정신이 없다고 지금 상황이 도통 받아들여지지 않는다고 어물어물 말했다. 평소 김 과장과 다른 모습이라 낯설었지만, 아내의 장례식장에 제 정신인 사람이 어디 있을까. 그녀에게 마지막 인사를 전하기 위해 영정 사진 앞에 섰다. 김 과장의 평소 말대로 약간 신경질적으로 생긴 얼굴은 자주 미간을 찡그린 탓에 찌푸린 얼굴이었다. 급하게 영정사진을 구하니 없었을 것이고, 그나마 고인이 가장 잘 나온 사진을 골랐을 것이다. 그녀는 달갑지 않은 눈으로 나를 넘겨다보며 왠지 길타를 하는 것 같았다. 당신과 함께 인형방을 드나드는 동안 나는 마음이 병들어 결국 죽음을 택했다고 이제는 속이 시원하냐고 묻는 것만 같다. 향을 피워 올리는 나의 손이 부들부들 떨렸다. 경망스럽게도 그 순간 푸른 눈의 섹스돌과 고인의 얼굴이 교차되어 그려졌다. 나는 정말 그녀의 죽음을 방조한 것일까.

섹스돌을 나쁘다고만 할 수는 없다. 너무도 결혼이 하고 싶었던 췌장암 말기의 남자는 섹스돌과 예식을 마쳤다. 그리고 그녀와 멋진 하룻밤을 보내고 만족스러운 듯 미소를 지어 보였다. 사람과 결혼을 하는 것은 죽음을 앞둔 그에게는 욕심이었다고 그는 담담히 말했다. 새침하게 생긴 섹스돌은 그에게 어떠한 조건도 따져 묻지 않았다. 처음과 같은 미소로 그를 마중해 주었고 그의 장례식에 참석해 그를 배웅해 주었다. 가슴 아프게 울지는 않았지만 섹스돌 덕분에 그의 죽음이 덜 헛헛해 보였다. 누군가에게는 일생일대의 추억을 만들어 주는 그녀를 나쁘다고만 손가락질할 수 있을까. 어쩌면 그녀도 김 과장에게만 목매기보다는 멋진 섹스돌을 사들이는 것이 옳지 않았을까? 받지 않는 전화를 해 대며 그녀는 속이 타들어 갔을 것이다. 수신거부의 메시지는 그녀를 거부하는 문자로 전송되어 심약한 그녀를 온통 뒤흔들어 놓은 것이다. 미국에서는 남자 섹스돌도 맞춤형 주문 제작이 가능하다는 말을 들은 적이 있다. 그래서 남편과 관계가 소원해진 가정주부들이 신분을 드러내지 않는 경로로 많이 주문한다고 했다. 혼자가 된 내가 은수에게 끝도 없이 빠져들었듯이 그녀도 새로운 섹스돌에 적응해가며 나름대로 즐거운 삶을 살았을지도 모른다. 섹스돌의 피부 톤을 고르고, 자신과 맞는 성기의 크기를 확인하고, 체모의 색깔을 선택하며 그녀는 음탕하게 웃음을 흘렸을지도 모를 일이다.

김 과장은 당분간 회사에 출근하지 못할 것 같다며 함께 하던 프로젝트를 잘 부탁한다고 말했고, 나는 말없이 고개를 끄덕였다. 이상한 일이었다. 스토커 같은 마누라가 있는 김 과장을 누구도 부러워하지 않았다. 차라리 혼자 사는 편이 낫겠다는 말을 하는 동료도 있을 정도였지만 막상 스토커 마누라가 죽어버리자 무척이나 김 과장이 초라해 보였다. 이제는 그 누구도 김 과장의 행적에 대해 궁금해 하지 않을 것이고, 눈이 빠져라 그를 기다리지도 않겠지. 김 과장은 마음 편하게 여러 섹스돌과의 만남을 가지며 성적 쾌감을 즐기며 살지도 모를 일이다. 그런데 눈인사를 건네는 김 과장의 눈빛에서 나는 슬픔을 보았다. 그건 매우 절망적인 심정이 담긴 외로운 자의 눈빛이었다.

집으로 돌아온 나는 그날 은수를 장롱 밖으로 꺼내 주지 않았다. 한 여인의 외로운 죽음을 진심으로 애도하는 것이 도리라는 생각이 들었으며 슬픔에 겨운 모습을 은수에게 보여 주고 싶지도 않았다. 사랑하는 사람을 잃고 내 아내도 많이 힘이 들었겠지. 갑작스러운 헤어짐에 그녀는 날로 여위어 갔고, 그런 아내에 대한 걱정을 떨쳐 낼 수 없었던 나는 아내의 곁을 지키는 것이 낫겠다는 생각으로 어렵게 그녀에게 청혼을 했다. 아내는 그가 아니면 누구라도 상관이 없었을지 모른다. 어차피 온 맘 다해 사랑을 나누었던 그는 이 세상 사람이 아니니 현실 속에서 오래 마주했던 남자 친구의 품이 그나마 춥지 않다고 느꼈을 것이다. 허전했을 그녀의 마음을 위로해 주고 싶었지만 항상 내가 첫 번째가 되지 못하는 서글픔이 이내 나를 자격지심 덩어리로 만들어 놓았고 치사하게도 사랑의 감정은 순식간에 증오로 뒤바뀌었다. 은수를 어두침침한 장롱에 가두어 두고 뜬금없이 아내의 걱정을 하는 나는 정말 나쁜 놈이다.

김 과장이 제외된 프로젝트는 매우 성공적이었다. 좋은 기회를 잡은 우리 팀은 인사에서 높은 점수를 받을 수 있었다. 월급도 오르고 승진의 기회도 엿볼 수 있었지만 김 과장은 낄 수 없었다. 그는 아내의 죽음을 극복하지 못한 채, 곧바로 휴직계를 냈고 이후 나와도 연락이 되지 않는다. 인형방에 가면 김 과장을 만날 수 있을까. 푸른 눈의 그녀라면 김 과장의 행방을 알고 있지 않을까. 늘 김 과장과 둘이서 찾던 인형방을 나는 혼자서 처음으로 찾았다. 푸른 눈의 인형이 자리에 없었다. 김 과장이 파트너로 그녀를 선택한 것일까. 잠시 생각하는 사이 주인장이 나와 반갑게 인사를 건넸다. 요즘 왜들 통 안 오셔. 사장님께 괜히 팔았나 보다. 매출 떨어져서 안 되겠는 걸요? 괜히 팔았다는 것은 은수를 말하는 듯하고 왜들 통 안 오냐고 하는 말로 미루어 푸른 눈의 그녀는 다른 사내를 접대하고 있는 중인가 보다. 김 과장의 행방을 파악하지 못한 나는 터덜터덜 걸어 인형방을 빠져 나왔다. 어디에 가면 그를 찾을 수 있을까. 그를 만나면 나는 어떤 얘기들을 건넬 수 있을까. 그저 막연하게 그를 찾고 싶은 생각뿐이었다.

집으로 들어서자 웬일로 거실에 불이 켜져 있었다. 식탁 의자에 앉은 아내는 팔짱을 낀 채, 무언가 골똘히 생각에 잠겨 있었고, 옆의 의자에는 커다란 상자 하나가 놓여 있었다. 지금 와요? 라고 묻는 아내의 음성이 약간 떨리는 것 같았다. 나는 별다른 대꾸 없이 방으로 들어가려는데 잠깐 얘기 좀 해요, 라고 아내가 먼저 대화를 청했다. 큰 아이가 휴가를 나오는가 싶어서 피곤하니 빨리 얘기해요, 라며 자리에 앉았다. 아내는 냉랭한 표정으로 말없이 손가락으로 상자를 가리켰다. 나는 아내 쪽에서 상자 쪽으로 시선을 옮겼고, 이내 심드렁하게 상자의 뚜껑을 열었다. 좁은 상자에는 나의 은수가 잔뜩 구겨진 채 담겨 있었다. 아무 말도 없는 내게 아내는 말했다. 지금 뭐하는 거예요? 무슨 말이라도 해 봐요. 변명이라도 하란 말이야! 나는 아내의 비명 같은 외침을 뒤로 하고 은수가 담긴 상자를 끌어안았다. 우선 은수를 안전한 곳으로 피신시켜야 한다는 생각이 들었기 때문이다. 아내는 주저앉아 꺽꺽대며 울었다. 지금 당장 어떤 이야기를 할 수 있단 말인가. 처음 중간 끝이 정해지지 않은 나의 두서없는 얘기를 아내는 채 들어주지 못하고 은수를 던져 버릴지도 모른다.

상자를 안고 있는 나를 아내는 증오에 찬 눈빛으로 쏘아 보았다. 더러운 자식, 당장 눈앞에서 꺼져 버려! 나는 어떠한 변명도 하지 않았다. 아내는 나를 용서하지 않을 것이 분명했고, 나 또한 삐그덕 대는 위태로운 관계를 더 이상 참아낼 자신이 없었기 때문이다. 우리는 이미 오래 전부터 서로의 눈앞에서 사라져야 마땅한 존재들이었는지 모른다. 집을 나서는 내 뒤통수에 대고 아내는 힘주어 말했다. 너 같이 더러운 인간이랑은 끝이야. 두 번 다시 우리 볼 생각하지 마. 우리? 아마도 아내와 딸아이를 말하는 것 같았다. '우리'라는 단어가 퍽 생경스럽게 귓가에 울려 퍼졌다.

은수는 불평 한 마디 없이 작은 상자에 담겨 그저 나의 처분만을 바라고 있었다. 좀 더 안전한 곳

에 그녀를 숨기지 못한 것이 후회되었지만 언제고
부딪힐 일이었다. 끈끈한 입술은 흉하게 머리카락
이 엉겨 붙어 있었다. 아이들은 이 사건을 알고 있
을까. 매사 진중한 성격의 아내이니 아직 알리지
않았을 것이다. 나는 지금 은수의 존재를 부끄러
워하고 있었다. 두 아이의 얼굴을 떠올리니 갑자기
걷잡을 수 없이 심장이 뛰었다. 하필이면 은수를
씻기지도 않고 장롱에 넣어 둔 날, 은수의 존재를
들켰다는 것이 이내 조금 창피하고 억울했다. 나는
은수를 차에 태웠다. 은수는 고급진 정장을 걸치
지 못한 채, 갑작스럽게 알몸으로 외출하게 된 것
이 퍽 불만스러울 것이다. 은수의 손에 끼워 두었
던 보석 반지도 이미 사라지고 없었다. 아내가 갈
취해 간 것이리라. 나약한 은수는 포악한 아내에게
별다른 저항도 하지 못한 채 쓰레기 버려지듯 상자
안에 담겼을 것이다. 나는 이제는 안심해도 좋다는
듯이 은수의 머리칼을 가만가만 쓰다듬어 주었다.
나의 익숙한 손길에 은수는 차츰 안정을 찾아갔다.
　나는 상자에서 은수를 꺼내어 조수석에 앉혔다.

그리고 트렁크에 비치되어 있던 수건을 꺼내 은수의 몸을 덮어주고 입술도 닦아 주었다. 출발하기 직전, 안전벨트를 채워 주는 것도 잊지 않았다. 그리고 시동 버튼을 누르고 목적지 없이 달렸다. 은수도 갑갑한 집안에서 벗어나 다시 어두컴컴한 장롱으로 들어가지 않아도 되는 것이 기쁜 듯 보였다. 은수는 보드랍고 긴 생머리를 바람결에 휘날리며 처연히 앞을 응시한 채, 복잡한 심경의 내게 어떤 것도 묻지 않았다. 내가 스스로 생각을 정리할 수 있도록 기다려 주는 참 지혜로운 여자였다. 아내였다면 조금도 참지 못하고 악다구니를 쓰며 당장 답을 하라며 나를 닦달했을 것이다. 그리고 자신이 원하는 답을 얻지 못하고, 불쾌한 표정을 지으며 나를 쏘아보았을 것이다. 나는 지금 너무도 간절히 아내가 아닌 은수와 함께 살고 싶다.

나의 이 선택이 아내를 절망의 나락으로 떨어뜨린다고 해도 이미 시작된 걷잡을 수 없는 불같은 사랑을 제어할 자신이 없다. 나의 외로움에 깊이 공감해 주었던 은수, 내가 아니면 세상 천지에 누구도 은수를 챙길 남자는 없다는 생각이 들자 은수에 대한 책임감은 더욱 커졌다. 생각이 차분히 정리될 동안, 나는 잠시 은수와 밀회를 즐기기로 했다. 은수의 동의도 필요치 않다. 돌연 행적을 감추어 버린 김 과장도 잊고, 최전방으로 군대 간 아들도 입시를 코앞에 둔 딸아이도 다 잊고 싶다. 그리고 더는 아내에게 사랑을 구걸하며 살고 싶지 않다. 그저 은수와 영원히 함께 하고 싶은 나의 마음의 소리에만 귀 기울이고 싶다. 이제는 내가 그들을 배신할 차례다. 오직 나의 은수만이 내 깊은 속을 알 수 있으리라. 나는 좀 더 속력을 내어 달린다. 은수의 머리칼이 바람에 마구잡이로 흩날리지만, 은수는 전혀 신경 쓰지 않고 그저 앞 유리만 응시할 뿐이다. 나는 놀란 은수의 손을 잡고 나지막이 속삭이며 말한다. 함께, 살고 싶다고.

오
명
희 소
　 설

사랑아,
사랑해

사랑아, 사랑해

　너를 키우기로 마음먹은 건 순전히 어린 동생 때문이었어. 학교에서 만들어온 반려돌을 며칠 애지중지하더니 더는 관심을 두지 않더라고. 고사리 같은 손으로 너를 꼭 쥐고 소곤소곤 마치 친구에게 이야기하듯 다정하게 말을 걸더라. 그뿐이니? 식사 시간에는 너와 마주 앉아 조잘대며 하루의 일과를 말하곤 했잖아. 정다운 친구가 생긴 것마냥 즐겁게 대화하는 동생을 의아한 시선으로 바라보았지. 나와 눈을 마주친 동생은 씩 웃으며 달뜬 목소리로 말했어.

　"귀여운 내 친구야. 반려돌인데, 지금 우리는 대

화를 나누는 중이야."

동생의 황당한 소리에 동그란 내 눈은 더욱 커졌지. 내 눈에 너는 그냥 볼품없는 돌멩이일 뿐이었거든. 길바닥에서 흔히 주울 수 있는 둥글넓적한 돌이었어. 빛깔이 특별히 눈에 띄지도 않았고, 희귀한 성질의 돌도 아닌 흔해 빠진 돌의 하나였지. 반려돌이라는 것 자체가 엉뚱한 발상이라는 생각이 들었어. 코로나로 인해 홀로 있는 시간이 길어지니까 돌멩이에도 나름의 의미를 부여해 특수를 노린다는 생각이 들었지. 인간의 외로움을 상업적으로 이용한다는 생각이 들자 너의 존재가 그다지 반갑지도 않았어.

학교 수업이 전면 온라인으로 바뀌자 동생은 학원에서라도 공부를 해야만 했어. 사교육으로 바빠진 동생은 진짜 친구들과 노느라 너를 잊는 날이 많았지. 그리곤 항상 손에 꼭 쥐고 다니며 종알종알 쉬지 않고 말을 걸던 때와 달리 동생은 너를 완전히 잊었지. 넘치는 학원 숙제에 온라인 수업에 누구보다 분주했거든.

덕분에 너는 이리저리 맥없이 굴러다니는 초라한 신세가 되었어. 늦둥이로 태어나 넘치는 사랑 속에 자란 동생은 사랑을 받을 줄만 알았지, 주는 건 잘 몰라. 자신을 향한 애정과 관심을 당연하다고 생각하는 면이 있지. 그 마음을 갖는 데 나도 한몫 담당한 사람이라 뭐라 말할 수는 없어. 노력하지 않아도 동생의 몫을 챙겨주는 가족들의 편애가 다소 이기적인 성격으로 변하게 했을 거야.

그즈음 나도 결혼까지 약속한 애인과 결별하고 힘들어하고 있을 때라, 네가 눈에 들어왔을 거야. 버려지는 것에 눈길이 가더라고. 남녀의 사랑에서 버림받았다는 표현을 쓰고 싶지는 않지만, 나는 동의하지 않은 이별을 받아들여야만 했거든. 연애에서 7년이 고비라고 했지만, 그간 무심히 들어 넘겼었어. 모든 일에는 예외가 있는 법이라고 떵떵거리기도 했지. 그를 의심해본 적이 없었거든. 7년이든 8년이든 만남의 기간이 중요한 것이 아니라 서로의 사랑이 핵심이라 생각했어. 세월이 오래되었어도 낡지 않는 영원한 사랑으로 남을 자신이 있었던 거지.

동생의 가방 안 알림장에는 반려돌의 장점이 깨알 같은 글씨로 적혀 있었어. 반려돌은 개나 고양이와 달리 물거나 시끄럽게 하지 않고 자신의 둥지를 아주 깨끗하게 사용한다고 적혀 있더라. 냄새나 소음 때문에 이웃으로부터 항의받는 일도 없으며, 돈도 적게 들고 수명도 길다고. 무엇보다 가장 큰 장점은 '언제나 당신의 곁을 지켜준다'고 되어 있었어. 너무 황당한 거짓말이라는 생각이 들었지. 언제나 한결같은 건 세상 어디에도 존재하지 않아.

동생이 고집을 피워서 강아지를 키운 적이 있어. 하얀색 토이 푸들이었는데 뽀글뽀글 귀엽고 예쁜 외모 덕분에 우리 가족의 사랑을 듬뿍 받았지. 하지만 분리불안 증세가 심해서 식구들이 보이지 않으면 왈왈 짖어댔어. 제 목이 쉬도록 짖어대는 고집쟁이 때문에, 가족 중 누구 하나는 반드시 곁을 지켜야 했어. 시끄럽다고 이웃들의 항의를 받을 수 있었거든. 이름은 흰둥이였는데, 목줄을 채워 산책을 나가면 이웃들이 녀석의 이마를 쓰다듬으며 물었어.

"집에 혼자 있으면 종일 짖어대는 놈이 너로구
나?"

옴짝달싹하지 못하게 만드는 흰둥이가 얄미울
때도 있었지만, 생각해보면 흰둥이는 감당되지 않
는 것에 대해 확실하게 자기표현을 했던 것 같아.
자신은 혼자 있을 수 있는 존재가 아니라고. 끊임
없이 관심을 보여 달라고. 끝까지 자기를 책임져
주어야 한다고.

그에게 나도 여린 사람이란 걸 좀 보여주었더라
면 어땠을까? 나도 동반자가 필요한 사람이고, 실
패한 연애에 좌절하고 아파하는 사람이라는 걸 충
분히 표현했다면, 지금의 헤어짐이 없었을까? 그
는 늘 내게 말했거든.

"넌 참 씩씩한 사람이야. 혼자서도 잘 살 거야."

"너는 무인도에 혼자 남아 있어도 재미있게 살
것 같아."

"무엇이든 씩씩하게 해낼 수 있는 사람이야.
넌."

혼자서도 잘 살 수 있는 사람이 어디 있어? 알량한 자존심에 그렇게 행동하는 거지. 그의 존재가 꼭 필요하다고 얘기하지 않아도 내 마음을 알아줄 거라 여겼는데 나만의 헛된 바람이었어. 그는 나를 떠나면서도 생각하겠지.

'혼자서도 잘 지내는 씩씩한 사람이니까, 금방 괜찮아질 거야.'

그러면서 떠나는 발걸음에 대해 자기 합리화를 하겠지.

네모반듯한 상자 속에 노란색, 빨간색 색종이를 마구 잘라 넣었는데 그것이 반려돌의 둥지였나 봐. 딱 봐도 말끔해 보이지 않는 둥지 속에서 빼꼼 나를 올려다보고 있었어, 앙증맞고 귀여워 보이더라고. 자신이 버려진 것도 모르고 빤히 올려다보고 있었지. 앙증맞은 손으로 요리조리 솜씨를 부려가며 색종이를 오렸을 막내가 떠오르자 생김새가 더욱 귀여웠어.

마치 내가 너를 지켜줘야 할 것 같더라. 하지만 더는 누군가를 지켜준다는 거짓말 따위는 믿고 싶지 않아. 냉정하게 나를 떠난 그는 촌스러운 사람이었어. 멋진 사랑 고백도 할 줄 몰라서 무뚝뚝한 얼굴로 말하곤 했어.

"언제나 너를 지켜주는 사람이 될게."

피식 웃음이 났어. 어떻게 나를 지켜줄 수 있을까? 그래도 어딘지 진중해 보이는 그가 싫지 않았어, 어쩌면 언제나 나를 지켜준다는 알량한 약속을 믿었는지도 모르겠다. 누구나 순간의 사랑을 믿고, 감정에 충실 하려 노력하잖아. 나의 20대도 그랬어. 그와 함께 30대를 건너오면서도 불안하지 않았어. 여전히 사랑하고 있다고 생각했으니까.

결혼을 준비하자는 말에 그는 유난히 시큰둥했어. 결혼반지를 고르자는 제안에 커플링이 있으니 생략하자고 말했고, 아쉬운 마음에 커플 시계라도 맞추자고 했더니 요즘은 작은 결혼식이 유행이라며 생략해도 좋은 것들은 뛰어넘자고 말했어. 7년의 세월을 그냥 지나오지는 않았을 거잖아. 왠지 마음이 불안하기는 했지만, 조바심 내지 않으려고 노력했어.

세세하게 서로를 챙기지는 않았던 것 같아. 서로의 생일을 챙기고, 재미 삼아 33데이에는 삼겹살을 먹는 정도였어. 결혼기념일을 챙기듯 1주년 같은 걸 기념하지도 않았고, 오지랖 넓게 부모님의 생신을 챙기지도 않았어. 크리스마스나 밸런타인데이 때는 자연스럽게 그를 떠올렸고, 특별한 선물을 해주고 싶어 했지. 1000일, 2000일을 기념하는 연인들을 보면 대단하다는 생각만 들었어. 둘 중, 하나라도 서운해했더라면 고쳐나갔겠지만 우리는 둘 다 고만고만한 챙김에 만족했어. 유별나게 챙기는 사람들을 흥흥거리며 흉보기도 했지.

웨딩드레스를 입어 보는 날이었지. 그날의 나는 누구보다 아름다웠어. 자연스럽게 연출된 올림머리에 길게 붙인 속눈썹은 제법 그윽한 분위기를 풍겼어. 아름다운 예식을 위해 배고픔을 이겨낸 덕분에 뒤태도 아주 훌륭했어. 그런데 그는, 반응이 없더라고. 그냥 그런 심드렁한 눈으로 별다른 감동 없이 바라보기만 했어. 자신과 평생을 함께 할 여자를 다정하게 바라보는 것이 아니라 흘러간 유행가를 흥얼거리는 사람처럼 울림도, 감흥도 없는 무관심한 눈빛이었어. 이것저것 입어 보라고 권하지도 않았고, 애써 밝게 웃는 내 웃음에도 무심한 표정만을 지을 뿐이었어.

그가 평소 예쁘다고 하던 단아한 디자인의 한복 드레스를 입어봤지만, 표정에 변화는 없었어. 그냥 모든 걸 뜻대로 하라며 별반 관심 있어 하지 않더라. 그날, 나는 우리의 헤어짐을 예상했는지도 몰라. 신부를 맞이하는 신랑의 모습은 어디에서도 찾아볼 수가 없었거든. 각선미를 뽐내며 짧은 미니 드레스를 입어 보아도 눈빛은 반짝이지 않았어.

내 눈치를 보는 웨딩플래너 덕분에 더 초라해지는 기분이었어. 신부에게 눈길이 오래 머물지 않는 예비 신랑의 모습, 누가 봐도 정상은 아니었을 거야. 마음 같아서는 모든 걸 다 팽개치고 자리를 박차고 뛰쳐나가 버리고 싶었는데 그렇게 하면 정말 모든 게 이대로 끝나 버릴 것 같아서 감정을 꾹꾹 누르며 참기에만 급급했지. 결혼이 급한 것도 아니었는데…… 어느 순간, 왜 사랑을 보채는 여자가 되었을까?

책꽂이 정 중앙에 붉은 글씨로 반려돌을 맞이하는 마음가짐에 대해 적어 두었는데 집 안에서 가장 조용한 곳에 공간을 마련해 주어야 한대. 지금 낯선 곳에 도착해서 마음이 불안한 상태일 수 있다며 다정하게 이름을 불러주는 것을 절대 잊어서는 안 된대. 너의 이름을 무어라고 부르면 좋을까? 동생의 알림장에는 '사랑이를 잘 키우자.'라는 글씨가 빨간색 사인펜으로 적혀 있었어.

"사랑아, 안녕? 만나서 반가워."

동생은 아마 반려돌의 이름을 사랑이라고 지어 눈 것 같아. 사랑해, 라는 말을 밥 먹듯이 듣고 자란 동생에게 '사랑이'란 이름은 별 뜻 없이 붙여진 이름일 거야.

둥지에 '사랑이 집'이라고 큼직하게 적어 두었어. 삐뚤빼뚤 못난이 글씨를 보니 동생의 미소 짓는 얼굴이 떠오르더라. 또박또박 눌러 쓴 글씨에도 뚝뚝 귀여움이 묻어나더라고. 반려돌도 피곤할 때는 편안한 곳에서 잠들고 싶어 한대. 내 방의 화장대 위에 반려돌의 쉴 곳을 마련해 주었어. 요즘 나는 화장대에 앉는 일이 없거든. 예쁘게 단장하고 나갈 일이 없고, 수척해진 모습을 보고 싶지 않아. 사랑에서의 패배를 인정해야 할 것 같아서 되도록 나를 비춰보지 않는 요즘이야.

코로나19의 상황으로 예식장 예약도 쉽지 않았어. 하객 수는 끝도 없이 조정되었고, 식사를 할 수 있는지, 친족만이 허용되는지, 제한 인원에 주례를 봐주시는 분, 사진을 찍어주시는 분, 반주하는 분은 포함되는지 안 되는지 끝도 없이 말이 오고 갔어. 어쩌면 그는 오히려 맘이 편했을지도 몰라. 당당하게 날짜를 미뤄도 되는 타당한 이유가 생긴 셈이니까. 신혼여행지를 고르지 않아도 되었고, 청첩장의 문구를 작성하지 않아도 되는 떳떳한 나름의 까닭이 생겼으니 마음 편했을지도 모르겠어.

연애에서는 언제나 더 많이 사랑하는 사람이 약자가 되는 것 같아. 7년이라는 시간을 만나오면서 나는 그에게 강자가 되기도 하고 약자가 되기도 했어. 사랑을 더 많이 받았던 때도 분명 존재했지. 사랑을 받지 못해서 외롭거나 쓸쓸하지는 않았어. 그런데, 어느 순간 그의 마음은 식어갔고, 나는 냉랭해져 가는 우리 사이가 그저 오래된 관계이기 때문이라고만 생각했어.

주말에도 그는 늘 피곤하다고 말했어. 해야 할 일이 늘어났다고 둘러댔고, 코로나 상황은 갈수록 나빠져서 만난다고 해도 딱히 갈 곳은 없었어. 집 안에서 데이트하는 것도 한계가 있었고, 수시로 전화 통화를 하기에 우리는 서로에 대해 시큰둥했던 것 같아. 그즈음 나도 바빴지. 업무가 많아서 바쁘기보다 일이 없어서 눈치를 보느라 바빴어. 베어링 제조업체에서 부품을 만드는 생산공정을 관리하고 있었지만, 자전거 생산이 줄어들면서 일이 부쩍 줄어들었거든. 사람들이 외출하는 것조차 꺼리는 판국에 회사의 경영은 날로 어려워졌어.

직장에서 가까운 동료로 지내던 희수 씨의 전화가 부쩍 잦아져도 업무 때문이라고 생각했어. 그가 SNS에 올리는 사진 속에 희수 씨는 자주 등장했어. 회식이 끝난 후에도 둘은 카페에 앉아 차를 마시고 헤어졌고, 그의 생일날에도 희수 씨는 케이크를 선물했지만, 얼마든지 있을 수 있는 일이잖아. 달걀형 얼굴에 오뚝한 콧날을 가진 희수 씨는 서구적인 시원시원한 외모를 가졌어. 동글동글한 나의 외모와는 차이가 났지. 지금껏 나는 그의 이상형이 나처럼 귀여운 외모를 가진 사람인 줄 알았어. 모든 것을 믿고, 어떤 것도 의심하지 않으니 그다지 신경 쓰이지 않았어. 그의 마음이 희수 씨를 향하고 있는 걸 짐작조차 하지 못했어.

반려돌이 병에 걸리면 얼굴색이 누렇게 변하고 땀을 뻘뻘 흘린대. 이런 이상 반응을 보이면, 즉시 돌 전문 병원을 찾아야 한대. 아마도 동생은 병에 걸린다는 것 때문에 너를 키우고 싶지 않았을지도 몰라. 샛노란 병아리는 삐약이라는 이름을 얻은 지 일주일도 채 되지 않아 죽어버렸거든. 학교 앞에서 메추라기도 팔고 병아리도 파는데 병아리가 키우고 싶어서 사 왔다며 동생은 활짝 웃고 있었지. 작은 상자 속에서 일주일 분량의 먹이와 함께 우리 집에 온 병아리는 집에 왔을 때부터 시름시름 상태가 좋지 않았어.

게다가 파란색 병아리도 있고, 빨간색 병아리도 있다는 동생의 말은 매우 충격적이었어. 아이들의 호기심을 자극하기 위해 염색으로 물들인 알록달록 병아리들이었던 거야. 샛노란 병아리도 발끝까지 노오랗게 염색한 흔적이 보였어. 병아리는 눈도 뜨지 못하고 삐약삐약거릴 때가 많았는데 아마도 염색 부작용인 듯싶었어, 동생은 정성껏 병아리를 돌보아 주었지만 끝내 하늘나라로 가고 말았지. 그 뒤로 병에 걸리는 것, 죽는다는 것, 다시는 만날 수 없다는 것에 대해 트라우마가 생긴 것 같아. 죽어가는 것에 대한 안쓰러움, 아무것도 할 수 없는 자신의 처지가 어렴풋하게 아픔으로 각인된 거야.

작은 골판지 상자로 만든 병아리의 빈집을 보며 이제 다시는 볼 수 없냐고 몇 번이고 물었지. 마음을 준 무엇인가가 영원히 떠난다는 것을 알았을 거야. 그 뒤 동생은 병에 걸린다는 건 슬픈 일이라는 걸 깨달은 듯싶었어. 아팠던 병아리의 모습을 때때로 기억해내며 하늘나라에서는 아프지 않냐고 물어보더라고.

우리는 왜 서로의 병들어 가는 시간을 돌아보지 못했을까? 각자의 마음을 챙기기에만 급급했어. 그만큼 애틋하지 않았던 거야. 그냥, 결혼해야한다면 그와 하는 것이 맞다고 생각했고, 그도 나와 같을 거라 여겼던 거야. 사랑하지 않는다는 시답잖은 이유가 우리의 이별이 될 줄은 생각조차 하지 못했어. 사랑은 20대나 하는 거라 생각했어. 30대에 사랑이 어디 있어. 그냥 조건이 맞고 싫지 않으면 정붙여 사는 거 아냐? 사랑이라는 게 그렇게 대단한 거니? 습관처럼 익숙한 만남은 사랑이 될수 없는 거냐고!

활발하고 다 받아주는 희수 씨가 좋았대. 처음부터는 아니지만, 매일매일 회사에서 만나서 함께 지내는 시간이 길어지니까 서로도 느끼지 못하는 사이 조금씩 정이 들었대. 자신이 좋아하는 이상형도 아니었지만, 무엇보다 희수 씨랑은 대화가 통하고성격이 잘 맞는다며 나를 떠나야 하는 이유에 대해시시콜콜 설명하고 있었어. 그는 친절하게도 이별의 이유에 대해 나와 결혼할 수 없는 까닭에 대해 또박또박 이야기하고 있었던 거야. 너무도 차분한 그의 설명 앞에서 눈물조차 나지 않았어.

너에게도 성격이 있대. 태어날 때부터 형성된 성격도 있지만 다정하고 활발한 돌이 되길 바란다면 매일매일 말 걸어주고 훈련을 시켜주라고 되어 있네. 아침마다 사랑의 손길로 쓰다듬어 주고 부드럽게 대해 주면 타고난 성격도 변한대. 나에게도 그를 바꿀 기회가 있었을까? 그에게도 내가 필요한 순간이 있지 않았을까? 뒤늦게 생각해 봐. 돌이켜 보면 우리 사이에 점차 줄어든 대화가 가장 문제였던 것 같아. 서로를 잘 안다고 생각해서 생략했던 수많은 질문이 더는 상대를 알고 싶지 않은 마음, 궁금하지 않은 상황으로 변하지는 않았는지……. 그 틈에 희수 씨의 소소한 챙김과 보살핌이 사랑으로 느껴지지는 않았을까.

헤어짐을 통보하듯 말하는 그에게 따지고 싶은 게 왜 없었겠니? 하지만 나는 매달리고 싶지 않았어. 언젠가는 지금의 선택을 후회하게 만들어 주고 싶었고 따져보면 대단히 좋은 조건의 남자도 아니었거든. 집안의 경제력이 뛰어난 것도 아니고, 대기업에서 약속받은 연봉이 있는 사람도 아니었어. 중하위권 대학을 나와 또래보다 늦은 승진에 모아놓은 돈도 그다지 많지 않은 남자였지. 나라고 스치듯 만나는 인연 속에서 아쉬운 만남이 없었을까.

7년이란 세월, 그의 연인으로 살아가면서 나는 사랑도 일종의 의리라는 생각을 했어. 남녀 간의 사랑에도 신뢰는 필요하다고 생각했거든. 치사하게 나는, 놓쳐버린 남자들이 생각났어. 내가 먼저 그를 버리지 않은 게 후회가 되더라. 하지만, 치졸하고 분한 마음도 잠시였어. 그냥, 7년이란 세월, 의리를 지킨 내 마음이 날 편안하게 만들었어. 떠난 그의 마음은 과연 홀가분할까?

나와 함께 걸었던 삼청동 거리의 단골 찻집을 지날 때면 내 얼굴이 생각날 거야. 처음 여행을 떠났던 바닷가에서도 내 이름을 기억할 테고, 우리가 결혼하기로 약속되었던 날짜도 무심히 지나칠 수는 없을 거야. '그러면 되었다'라는 생각이 들어. 평생 마음의 짐을 안고 살아갈 그를 이제 놓아주어야지.

그래도 나는 진심으로 그를 대했어. 나에 대한 그의 사랑을 의심하지 않았거든. 그만 있다면 외롭지 않게 살아갈 수 있을 것 같았어. 그의 외로움을 내가 보지 못했던 것인지 그가 감춘 것인지는 알 수 없어. 희수 씨의 눈에는 오롯한 외로움이 보였던 것일까?

혼자 여행을 가고 싶다고 했어, 생각할 것이 있다고. 나는 뾰로통하게 답했어. 혼자 가는 여행이 무슨 의미가 있냐고 물었지. 내가 생각하는 여행에는 항상 그가 함께 했거든. 그는 혼자만의 여행을 특별히 고집하지 않았어. 그냥 뱉어본 말인 것처럼, 지나갔어. 아마도 그때 그는 자신의 마음을 돌아보고 싶었던 것 같아. 나에 대한 사랑을 정리하고 싶었을 수도 있고, 아니면 자신의 마음을 추스르고 돌아왔을 수도 있어. 혼자만의 시간을 허락하지 않은 것이 종종 후회로 남아.

너를 키우면서 나는 단순하게 생각하는 법을 배

우고 있어. 강아지처럼 앉거나 일어서라는 명령은 잘 따르지 못해도 '굴러'라는 지시는 명랑하게 따라. 실내에서 반려돌을 일어서게 만들고 "굴러!"라고 지시하면 데굴데굴 잘 구르잖아. 너와는 교감은 불가능하다고 믿었는데 훈련을 시키니 뭔가 조금씩 변화가 감지되고 있어. 복잡하게 생각하고 싶지 않을 때 종종 너를 찾잖아. 너에게 마음을 털어놓으면 조금은 편안해져. 그냥 데굴데굴 너를 굴리면서 잡념을 떨쳐내려고 애쓰는 중이야. 내 손에서 또르르 굴리면 너는 동그란 몸을 말고 서서히 멀어져 가지.

가장 단순하게 생각하면, 그는 나를 사랑하지 않았던 거야.

"오피스 와이프가 있대."

"가족보다 회사 동료들이랑 있는 시간이 기니까 그런 관계들도 생기는 건가 봐."

무심하게 대답했지. 나와 다닌 맛집보다 희수 씨와 함께 한 점심 식사가 많았을 테고, 회식과 장거리 출장은 둘 사이를 더욱 가깝게 만들었을 거야.

희수 씨가 잘 챙겨주는 것이 고마웠어. 술을 많이 마신 후에 숙취 약을 건네주는 살가운 동료로만 생각했거든. 밥값을 잘 내주는 통 큰 여자 동료가 그다지 싫지 않았던 것도 사실이야.

긴 세월을 털어내는 게 어찌 쉬운 일이겠어. 하지만 떠나간 사랑에 연연하지 않을래. 솔직하게 대화할 수 있는 너와 함께 새로운 친구도 사귀고 바쁘게 시간을 보내다 보면 잊기 위해 노력하지 않아도 잊히는 날이 찾아올 거야. 사랑이 너는 목욕을 좋아하지 않는다는 것, 몸의 일부가 떨어져 나가도 응급키트를 활용해 상처를 치료해주면 하루 이틀 사이에 완치된다는 것, 때때로는 야생 돌을 만나고 싶어 한다는 것 모두를 기록해 놓았어. 다시는 소중한 것들을 잃고 싶지 않아서.

문창과를 졸업한 단짝 친구에게 청첩장의 문구를 부탁했어. 의미 있는 문장으로 사람들을 초대하고 싶었거든. 친구와 만나기로 한 날에 그는 말했어. 갑작스럽게 출장이 잡혔다며 지방으로 내려가야 한다고 말했어. 중요한 약속까지 지키지 못할 만큼 다급한 출장이라고만 생각했지. 오피스 와이프는 결혼을 앞둔 그를 보고 마음이 급했을 거야. 마지막 순간, 절박한 마음으로 여행을 제안했을지도 모르지. 나를 향한 사랑이 식어버린 시점에서 오피스 와이프와 나는 게임조차 되지 않는 상대였겠지. 막연한 책임감으로 이어 오는 위태로운 만남이었을 테니까.

의문의 1패, 나는 어이없게도 사랑의 패배자가 되고 말았어. 더 마음이 기운 사람이 약자라는 것을 인정하고 끝낼 수밖에 없는 잔인한 게임이었지만, 순순히 받아들이기로 했어. 웃으면서 헤어질 만큼 쿨한 사람은 되지 않지만, 과거 사랑의 모든 순간을 부정하지는 않을래.

주머니에 너를 넣고 다니면 마음이 편안해져. 언제고 손바닥 위에 올려두고 눈 맞출 수 있다는 건 참 다행스러운 일이야. 너를 만나지 않았더라면, 지금의 쓸쓸하고 헛헛한 마음을 어디에도 말할 수 없었을 거야. 실패한 사랑에 대해 구구절절 이야기할 만큼 이별이 극복되지는 않아. 아득한 꿈만 같아서 사실은 잠을 자고 일어나면 모든 게 제자리를 찾아와 있을 것만 같거든.

극성스러운 코로나 때문에 결혼을 미루고 있는 줄만 아시는 부모님, 회사 동료들에게도 잠시 예식을 미뤘다고만 이야기했어. 7년의 사랑을 배신당했다는 이야기를 차마 하고 싶지 않았어. '오피스 와이프가 생겨서 더는 나를 사랑하지 않는다고 해요.' 라는 말로 쉽고 간단하게 정리되지 않아.

1700년대 영국에서 중범죄를 저지른 사람들을 잔인하게 처벌했거든. 역사학자들은 중세를 '고문의 황금시대'라고 부르기도 했대. 고문 기술자가 등장했을 정도라니까 얼마나 많은 고문이 이루어졌는지 알 수 있겠지? 잔인한 고문 중, 하나는 바로 지빗(Gibbet)'이야. 고문 기계를 공중에 매달아 놓아 서서히 죽게 만들어 가는 고문이었어. 사람 모양으로 생긴 작은 케이지에 옴짝달싹할 수 없게 범죄자를 가두는 거야. 이글거리는 태양과 굶주림으로 천천히 말라 죽어가는 거야. 목숨이 끊어졌다고 해서 시신을 내려주지도 않아. 새와 벌

레가 시신을 뜯어 먹도록 방치하지. 일반적으로는 시체가 완전히 해골이 될 때까지 3년 정도를 매달아 두었다고 해.

그가 내게 가한 상처가 이 정도의 크기라면? 그와의 결혼은 너무도 당연한 것이었고, 오래된 사랑을 걱정하는 친구나 가족에게도 밉살스럽게 굴었던 나야. 부모님은 지금도 신혼 가구를 보러 가시고, 친한 친구들은 결혼을 기념해 준답시며 축가, 반주, 이벤트 등을 상의해 오곤 한단다. 공중에 매달린 내 절규는 허공으로 흩어지고, 사랑에 대한 배신으로 바짝바짝 여위어 가고 있어. 이런 내 상황에 아랑곳하지 않고 모든 결정을 뒤엎은 그는 오피스 와이프와 함께 할 미래를 그리며 살고 있겠지. 배신의 아픔은 오래도록 나를 괴롭힐 거야.

결별의 상처로 나는 호의적으로 다가오는 사람들을 봐도 뒷걸음질 칠 테고, 무조건 믿기보다 의심을 먼저 하는 편협한 사람이 될지도 모르겠어. 뜨거운 태양 볕 아래서 시름시름 앓는 나를, 그는 돌아봐주지 않을 거야. 도와주지 않는 무심한 사람들과 외면하는 인간들을 내려다보며 마지막이 빨리 찾아오길 기다렸을 죄인처럼 시간이 모든 걸 잊게 해주길 기다리고 있어,

그와의 헤어짐을 주변에 알리는 일, 씩씩한 척 행동해야 하는 것, 전세 계약을 파기하고 신혼 가구들을 되파는 일 따위가 내가 할 수 있는 일의 전부야. 실패한 사랑을 스스로 인정해야 하는 것이 가장 가슴 아픈 일이지. 원점으로 돌아가 나를 들여다보면서 후회되는 일도 많은 테고.

요즘 나는 너와 함께 너를 위한 반려돌 모임에 나가잖아. 너의 평균수명은 80세이고 잘 보살피면 100살까지 살기도 한대. 너도 말이야. 때가 되면 짝짓기도 해줘야 하고 야생 돌과 만나 대화하는 법도 익혀야 한대. 그뿐이니? 건강관리도 잘해주고 훈련도 지속적으로 꾸준히 해야 탁월한 효과를 볼 수 있대! 살아가다 보면, 지워지는 날도 오겠지! 슬픔으로 눈물짓는 날이 많지만, 네가 있어서 행복해. 낡고 구차한 감정까지 털어놓을 친구가 있다는 건 마음을 든든하게 해줘.

어제 너와 함께 다녀온 실연 박물관은 정말 재미있었어. 남편과 이혼을 한 후, 가슴 확대 수술로 사용되었던 보형물을 기증한 여인은 당당하고 용기 있어 보이더라. 이제 실연의 아픔쯤은 당당하게 고백할 만큼 지난 시간을 털어낸 것이니까 말이야. 사연이 있는 커플링과 목걸이, 연애하던 시절 주고받았던 서신들, 영원한 시간을 약속했던 시계, 함께 신혼여행을 떠나기로 했던 비행기 티켓 등 박물관에는 갖가지 사연들의 물건이 정리되어 있었잖아. 지금 이 고통의 시간이 나만 홀로 견뎌내는 시간이 아니라 누군가도 똑같이 감내하는 아픔이라는 생각이 들자, 그 모든 것이 위로가 되더라고. 실연 박물관에서 난 너와 함께 사진을 찍었잖아.

사진을 찍어 줄 사람이 없어서 전시를 관람 중이던 내 또래 여성에게 기념사진을 부탁했을 때, 반려돌에 대한 짧은 설명을 듣고 너를 지긋하게 바라보는 눈길이 참 인상적이었어. 함께 할 누군가를 찾은 나를 그녀는 부러움의 시선으로 건너다보고 있었지. 그와의 인연은 거기까지였던 거야. 굳이 나와 인연의 끈을 놓아버린 사람을 향해 못나게 굴지 않을래.

그의 마음 언저리를 서성여봐야 오피스 와이프와 내 사이에서 갈팡질팡할 테고 마주하고 싶지 않은 모습이야. 막장 드라마에서 흔히 나왔던 단어야. 껍데기만 끌어안고 사는 게 무슨 의미가 있냐고들 하잖아. 마음 떠난 상대를 향해 사랑을 구걸하느니 너를 더욱 정성스럽게 보살피는 편을 택하고 싶어. 나를 향해 마음을 여는 사람을 향해 천천히 걸어갈 거야.

내가 고집을 피워 곁에 남겨둬 봤자, 이미 오피스 와이프를 향한 사랑이 싹튼 그는 나에게 온전히 집중하지 못할 거야. 그에게 그녀와 헤어지라고 잔인하게 이별을 요구하고 싶지도 않아. 그에게도 그녀에게도 어쩔 수 없이 마음이 흔들렸던 사랑이 죄가 될 수는 없으니까.

어린 동생은 다시 너에게 관심을 보여. 내가 훈련시키는 걸 보고 있으면 기웃기웃 방을 들여다봐. 하지만 이제 제 반려돌은 아니라는 걸 알고 있

는 듯, 다시 가져가겠다거나 돌려달라고는 하지 않
아. 어린아이지만. 너를 보살피지 않고 내버려 두
었던 시간을 인정하는 건가 봐. 떼쓰지 않는 동생
이 신기하기도 해. 가끔은 화장대 위에 올려놓은
너를 찾아와 쓱쓱 머리를 쓰다듬어 주고 돌아서잖
아. 제 몫의 사랑을 더는 주장할 수 없다는 걸 어렴
풋이 알고 있는 거야.

그도 더는 내 사랑에 대해 미안해하지 않았으면
해. 행복했던 젊은 날이 깡그리 아픔으로 남기를
바라지는 않아. 내겐 힘든 시간을 함께 견뎌주는
좋은 벗이 생겼으니 그걸로 만족할래. 버려진 네
가 눈에 들어왔던 건 행운이었다고 생각해. 나를
만나 너 또한 의미 있는 존재로 거듭날 수 있었고,
교감을 나누고자 애쓰는 마음 때문에 너는 이제 그
냥 흔히 마주하는 돌은 아닌 거잖아. 이야기를 들
어주는 반려돌로 살아갈 수 있게 되었고 나 또한
쓸쓸한 날, 너를 찾아 마음을 나눌 수 있게 되었으
니 얼마나 기적 같은 일이니!

못내 머뭇댔던 마음에 아파하지 않고, 이제는 수

시로 내 마음을 전하며 살래.

　'사랑아, 사랑해.'

　떼구루루 구르는 너와 오늘도 난 단순한 마음으
로 하루를 열어.

오명희 소설

안녕하세요
어플

안녕하세요 어플

　우리의 대화는 그렇게 시작되었다. 안녕하세요, 통화 어플을 설치한 건 순전히 외로웠기 때문이다. 누군가와 대화할 상대가 필요했다. 정성으로 기르던 애완견 똘똘이가 죽고 난 이후, 나는 진심을 이야기할만한 사람이 없었다. 주절주절 넋두리를 늘어놓을 친구조차 남이 있지 않았다. 남편의 사업이 기울기 시작하면서 동창회에 나가지 않았고, 아들의 성적이 떨어지기 시작하면서 학부모 모임에도 불참했다. 잘 사는 모양새를 자랑하듯 나다니던 모임들이었다. 겉으로는 친한 척 보이지만 알맹이는 없는 모임이었다.

코로나 이후, 찾아다닐 만한 모임은 모두 단절되었다. 문화센터에 문학 창작 강의는 제법 들을 만한 수업이었는데 무척 아쉬웠다. 읍사무소에서 실시하는 독서 모임도 더는 나갈 수 없게 되었다. 비대면 줌 수업으로 일정은 빠르게 바뀌었지만, 전자기기 사용이 서툰 나에게는 접근의 문턱이 쉽지 않은 모임들이었다. 줌 수업에 대해 누군가에게 적극적으로 물을 수 있는 처지도 아니었고, 일없이 집에 갇혀 보내는 시간이 길어졌다. 남편은 사업이 어렵다며 회사에서 보내는 시간이 더욱 길어졌고, 아들은 군대에 갔다. 코로나 이후, 면회나 외출이 금지되면서 가끔 전화 통화만 할 뿐이었다. 인터넷 서신이 있으니 그걸 이용하라고 아들은 전자우편 주소를 가르쳐 주었지만 내게는 손편지가 훨씬 쉬웠다. 하지만 편지지를 앞에 펼쳐 두고도 아들에게 할 말을 적을 수는 없었다. 무관심한 세월이 길었던 탓에 우리는 서로에게 할 말이 없는 모자지간이 되어 있었다.

아들은 외롭지 않아 보였다. 외롭지 않아 보이

는 아들의 시간은 나를 더욱 외롭게 만들었다. 인터넷 세상은 열려 있었고 함께 입대한 친구와도 다행히 떨어지지 않은 모양이었다. 입대하기 직전에 사귄 여자 친구는 아들을 잘 챙겨주는 듯했다. 엄마의 손길이 그다지 필요해 보이지 않았다. 요즘은 군대에서도 일과 시간이 끝나면 개인 휴대폰을 쓸 수 있도록 해 준다고 했다. 줄 서서 기다리지 않아도 전화를 할 수 있으니 필요한 것이 있을 때면 전화를 걸어왔다. 모자지간에 애틋함은 점점 사라지고 있었다.

똘똘이가 있을 때는 나름 분주했다. 녀석의 먹이를 챙겨야 했고, 미용에도 퍽 신경을 썼다. 이곳저곳 잔병이 잦은 녀석을 위해 동물병원을 수시로 드나들었고, 노견의 식사에도 소홀하지 않았다. 산책을 시키기 위해 노력했고 걷기 힘들어하는 날에도 강아지 유모차에 녀석을 싣고 공원을 빙빙 돌곤 했다. 바깥바람을 쏘이고 돌아오면 녀석은 기분이 명랑해 보였고 삶에 생기를 찾은 듯 눈이 반짝였다. 물을 수시로 할짝대는 녀석을 위해 늘 깨끗하게 먹이통의 물을 갈아 주었고 방석에 털이 빠지지 않게 늘 말끔하게 청소도 해주었다. 나의 손길이 필요한 녀석에게 정성을 다하며 살아가는 삶이 아닌, 살아내는 생을 살았던 것 같다.

하지만, 평소에도 심장질환을 앓던 녀석은 갑작스러운 심정지로 죽고 말았다. 혀가 파랗게 변하는 청색증을 앓고 있으면서도 병원 치료를 잘 견뎌주던 아이였는데 훌쩍 무지개다리를 건너고 말았다. 똘똘이가 사라진 집은 절 속처럼 조용했다. 똘똘이와의 일과를 묻고, 녀석을 향해 눈길을 주던 가족들과 대화거리는 더욱 없었고, 잘 돌아가지 않는 남편의 사업에 대해서도 묻고 싶지 않았다. 아들은 군대에 있는 것이 힘들지만, 다 같이 외출과 면회가 금지된 상황을 견디는 수밖에는 별다른 방도가 없다는 걸 묵묵히 받아들이고 있었다.

품 안의 자식이었다. 아들은 유난스럽게 사춘기를 넘겼고, 속을 썩이는 아들과 자주 충돌하면서 우리의 관계는 소원해졌다. 싸우는 것이 싫어서 최대한 말을 걸지 않았고, 그래야 집안이 조용했다.

그 어색한 관계가 오래되면서 나와 아들이 이야기
하는 것은, 어색한 일이 되어 버렸다. 예전처럼 아
들은 내게 다가와 주지 않았고, 아들의 관심과 사
랑을 나 또한 바라지 않았다. 그저 다툼 없이 하루
하루가 가는 것이 다행이라 여겨졌다.

그러던 중 아들은 신체검사를 받았고, 무심하게
입영 날짜를 말했다. 정신을 차리고 돌아오면 가족
을 좀 더 이해할 수 있을 거라는 마지막 말을 남기
고 입대한 것이다. 아들의 결정이 못내 서운하기
도 했지만 이미 돌이킬 수 없었고 나는 서운한 마
음조차 내비치지 않았다. 아들의 입장을 존중하고
받아들이는 쿨한 엄마로 보이고 싶었는지도 모른
다. 아들의 빈자리에 연연하지 않는다는 걸 보여
주고도 싶었다.

스마트폰으로 유튜브 채널을 보는 것도 슬슬 지
겨워졌고, 드라마의 재방송을 보는 일에도 흥미를
잃었을 즈음, 이 통화 어플을 알게 되었다. 24시
간, 친구가 나를 기다린다는 광고는 내 가슴을 콩
닥콩닥 뛰게 만들었다. 익명이 보장된다는 것도 기

뻤다. 내 번호를 공개할 필요도 전혀 없었고, 심심할 때면 얼마든지 전화를 걸어도 된다는 조건은 퍽 매력적이었다.

나는 곧바로 어플을 깔았다. 바로 전화는 연결되었고 나는 모르는 A와 통화를 할 수 있었다. A도 나처럼 외로운 사람 같았다. 쉴 새 없이 말을 걸었다. 요즘 책을 읽는 시간이 많다며 좋아하는 작가가 있느냐고 물었고, 비슷한 관심사를 찾은 우리는 즐겁게 수다를 떨 수 있었다. 그와의 전화가 편했던 것은 적당한 선에서 서로에 대해 궁금증을 갖지 않았기 때문이다. 어디에 사는지 묻지 않았고 나이가 어떻게 되는지 궁금해하지 않았다. 요즘 순위를 다투는 서적에 이야기하고 잘나가는 작가의 세일즈 포인트에 대해서만 떠들어 댔다. 비슷한 취미를 가진 누군가와 대화하는 것은 즐거운 일이었다. 안녕하세요, 로 시작된 어색한 통화는 안녕히 계세요, 로 즐겁게 마무리되었다. 가벼운 수다는 삶에 활력이 되어 주었다.

집에 혼자 남겨지는 시간이 고역이었던 나는 혼

자 집에 머무는 시간이 행복해졌다. 번호를 누르기만 하면 접속되는 사람들과 늘어지게 수다를 떨수 있었기 때문이다. 운이 좋으면 관심사가 같은 사람을 만날 수 있었고, 설령 나와 살아온 길이 조금 다르더라도 그들의 이야기를 들어주는 것만으로도 기분이 괜찮아졌다. 어딘가에 꼭 필요한 존재가 되는 것은 만족감을 안겨 주었다. 사람들은 말했다. 외롭잖아요, 적적해서요, 너무 심심하더라고요! 혼자만의 시간을 견디기 힘든 우리는 전화를 걸어 서로의 마음을 위로했다.

나름의 철칙을 세웠다. 절대로 만나지 않는다는 것! 나와 비슷한 생각을 하는 사람들이 많은지 무리하게 만남을 요구하는 사람은 없었다. 일상의 안부를 소소하게 챙기며 만족하는 듯 보였다. 코로나가 길어지면서 실직한 사람들, 영업을 하고 있지만 차라리 문을 닫는 것이 나은 소상공인, 여자 친구와 헤어진 사람, 이혼을 하고 홀로서기를 준비하고 있는 여인, 누군가를 너무 사랑하거나 미워하는 사람 등 전화로 연결되는 대부분의 사람들은 주변에서 흔히 만날 수 있는 우리의 이웃들이었다.

B는 한때 잘나가던 연예인이었다. 그는 내가 말수가 없는 여자라는 확신이 들었는지 과거사를 떠들어대기 시작했다. 처음부터 사람들에게 인기가 없었던 사람이면 공허하지 않았을 텐데, 하루아침에 인기가 떨어지니 마음이 불안했다고 한다. 심각하게 성형 중독을 앓기도 했다며 이제는 너무 뜯고 고친 얼굴 탓에 길에 지나다녀도 자신을 알아보는 사람이 없다며 씁쓸하게 웃었다.

B는 어렴풋하게나마 자신을 배우로 떠올려준 내게 몇 번이고 고맙다는 인사를 전했다. 유쾌한 사람이었다. 하지만 이렇게 편안하게 이야기를 하기까지 긴 세월이 걸렸노라 고백하는 B였다. 얼굴을 보지 않고도 이렇게 속마음을 털어놓을 수 있다는 것이 그저 신기할 뿐이었다. 나는 B에게 남편의 흉을 봤고, 아들을 향한 섭섭함을 토로했다. 친한 친구에게는 절대 하지 않는 말들이었다. B는 앞으로 유튜브 채널을 개설할 거라며 잊지 않고 자신을 찾아와 달라고 청했다. 한물간 연예인의 마지막 발

악이라며 호탕하게 웃었다.

C는 대학 교수였다. 퇴임을 앞두고 미투가 터져 불명예스럽게 자리를 내놔야 하는 판국이었다. 그는 억울하다고 말했다. 동의하에 있었던 일이라며 자신의 결백을 주장하고 싶어 했다. 하지만, 사건이 도드라지게 보도될수록 수렁으로 빠지는 느낌이라며 아무도 자신을 믿어주지 않는다고 말했다. C가 말하는 건 어디서부터 어디까지가 진실일까. 나는 별반 그의 진심에 대해 알고 싶지 않았고, 단순한 호기심이 끝나자 전화 통화는 이내 지루해졌다. 나는 갑자기 미뤄 둔 볼일이 생각났다며 전화를 끊어 버렸다. 통화 어플은 이렇듯 좋은 것이었다. 내가 원하는 만큼만 통화가 가능하고 전화를 끊어버리고 싶으면 핑계를 대고 얼마든지 통화를 종료해도 되는 것이 재미있었다. 매너 점수가 있어서 좀 신경이 쓰였지만 별다르게 악담을 뱉지 않는 한 사람들은 매너 점수에 악영향을 끼칠 만큼 나쁜 평점을 매기지는 않았다.

각기 다른 A, B, C와 전화하면서 나는 전화 통

화에 점점 빠져들었다. 우리는 시큰둥한 서로의 일상을 이야기하며 수다를 떨었고 수화기 너머 자신이 애창하는 노래를 목청껏 불러주기도 했다. 게임 이야기로 열을 올리기도 하고, 친한 친구의 배신을 말할 때는 욕을 실컷 해 주기도 했다. 통화를 하는 동안 우리는 서로의 편이 되어 이야기를 받아 주었다. 누군가와 말을 한다는 것은 유쾌하고 즐거운 일이었다.

코로나 시대, 전화 어플은 더욱 인기를 끌고 있다고 한다. 밖에 나가는 것이 쉽지 않은 요즘 말할 상대를 찾아 사람들은 전화기를 들었다. 누군가의 관심이 필요한 사람들은 전화 어플을 찾았고, 수많은 사람이 대기하고 있는 어플 안에서 우리는 마음껏 선택하고 선택 당하며 즐거울 수 있었다.

죽기 전, 마지막으로 전화를 걸었어요. 담담하게 말을 뱉는 그를 향해 나는 어떤 말도 할 수가 없었다. 일단은 시간을 좀 더 벌어 주어야겠다고 생각하면서도, 하필이면 왜 이런 통화가 연결되었을까 짜증이 났다. 그러다 나와의 전화 통화가 이 사람의 삶에서 마지막 전화가 될 거라고 생각하니 소름이 끼쳤다. 전화를 그만했어야 했다는 자기 원망도 잠시, 나는 정신을 바짝 차렸다. 어떻게 해서든지 이 남자를 살려야 한다는 생각으로 전화 통화에 집중했다.

그는, 일 없이 산 지 반년이 넘었다고 했다. 벌이가 없어 이혼을 했다며 남은 가족이 한부모 가족의 혜택이라도 받게 하기 위해서 어렵게 결정한 일이라고 했다. 무능한 가장은 없는 편이 차라리 낫다며 깊은 한숨을 내쉬었다. 살아야 할 이유가 아무것도 남아 있지 않다며 소주를 한 병 마신 상태라고 고백했다. 안주도 없이 깡소주를 마시며 그는 어떤 생각을 했을까. 나는 떨리는 마음을 최대한 진정시키고 담담하게 말했다. 자식이 있을 것 아니에요. 못난 아빠라도 있어 주는 것만으로 힘이 되지 않을까요. 죽는 건 오늘 할 수도 있고, 내일도 얼마든지 가능하니 조금만 더 생각해 봐요. 사실 전화를 끊어버리고 싶었다. 하필이면 주정뱅이와 전화가 연결되었을까 하는 마음이 불안해서 견딜 수가 없었다. 그가 뱉은 말처럼 극단적인 행동을 한다면 나의 즐거움도 모두 끝이 난다.

사실 여러 사람과 안부를 묻고, 그들의 고민을 듣기도 하고, 나의 걱정을 이야기하면서 삶의 연대를 느낄 수가 있었다. 손을 내밀면 잡힐만한 거리에 누군가가 존재한다는 것은 내게 큰 위안이 되었다. 누군가에게 이렇게 솔직하게 마음을 터놓으니 살 것 같다고 말했다. 나는 그의 살 것 같다는 말에 큰 힘을 얻었다. 정말로 죽고 싶은 사람은 아니라는 생각이 들자 조금은 마음이 놓였다.

언젠가 자살 예방 교육을 본 적이 있다. '자살'의 반대말은 '살자'라고 하면서 정작 죽음을 생각하는 사람들은 대부분 살고 싶은 사람들이라고 했다. 또 위기를 넘기면 용기를 내어 살아가는 사람들이 많다고 했다. 그와 나는 일면식도 없는 낯선 사람이지만 그래도 마지막을 떠올리는 순간 이렇게 전화 통화를 하는 긴밀한 인연이 되어 있었다.

보증금이 없는 월세 15만 원의 쪽방촌에서 살고 있다고 했다. 일이 있는 날보다 없는 날이 많고 몸도 성치 않아서 무거운 짐을 나르는 것조차 쉽지 않다고 말했다. 무더위가 시작되자 무기력이 더해진다며, 인간적인 최소한의 삶조차 힘들다는 생각이 들자 이제, 그만 세상을 떠나도 괜찮겠다는 생각이 들었다며 주절주절 자신의 이야기를 늘어놓았다. 마땅한 직업도 없이 날품팔이 같은 삶을 살아내며 마음 아팠을 그의 생을 짧은 글로 단번에 읽어버린 기분이었다.

사실, 나는 그동안 이곳에서 벼랑 끝에 선 사람은 만나지 못했다. 버거운 삶이지만 이겨내고, 이별의 순간에도 다시 마음을 추스르고 있는 사람들을 주로 만났다. 하지만 절망의 나락에서 이토록 신음하는 사람들도 주변에 얼마든지 있는 우리의 이웃이었다. 그는 말했다. 주머니에는 달랑 3만 원이 남았다며 이 돈으로 먹을 걸 걱정하고 하는 것이 지긋지긋하다고 말했다.

나는 다급하게 서두르지 않았다. 그가 마음속에 이야기들을 모두 쏟아 놓을 수 있도록 여유를 가지고 기다려 주었다. 묵언을 수행하듯 아무 얘기

도 할 수 없었던 응어리진 마음을 풀어주고 싶었
다. 약간 취기가 오른 그는 이야기하면서 정신을
차리기 위해 노력하는 듯 보였고 누군가 자신의 이
야기를 오롯이 귀를 기울이고 있다는 것에 고마워
하는 듯 보였다.

긴박한 순간이 찾아왔다. 이왕 마음을 먹은 김에
미룰 이유가 없다는 생각이 들었는지 그는 준비된
죽음에 대해 빠르게 말을 하기 시작했다. 밧줄을
구입했다고 했다. 번개탄도 샀다고 했다. 번개탄
도 피우고 밧줄로 목을 매달아 의자를 발로 차버리
는 것이 그가 선택한 완벽한 죽음이었다. 혹여 의
자를 발로 치지 못해도 죽을 수 있도록 번개탄까지
미리 준비해둔 것이었다. 구멍가게 아저씨가 이유
를 묻지 않고 번개탄을 주었다며 그는 씁쓸하게 웃
었다. 그는 내게 마지막 인사를 전하듯 들어주어서
고맙다고 했다. 미친놈의 얘기로 시간을 빼앗아서
미안하다고 말했다. 침착하려고 노력했지만, 손이
벌벌 떨렸다. 얼굴도 본 적 없는 이 남자의 마지막
생명줄이 내 손에 꼭 쥐어진 느낌이었다.

처음에는 옥상에서 뛰어내리려고 했어요. 찾아보니 떨어지는 그 순간의 기분이 최고라고 하더라고요. 죽는데 그 정도 기쁨을 맛보고 죽어도 괜찮겠다 싶었거든요. 그런데 요즘 서울의 고층 아파트는 출입 자체가 어려워요. 다 비밀번호로 잠금장치가 되어 있어서 출입문을 통과하는 것도 쉽지 않고, 설령 출입문을 뚫고 들어간다고 해도 옥상으로 올라가는 통로는 또 모두 잠가 두더라고요. 그러니 나처럼 없는 사람은 옥상 난간에 설 수도 없어. 옥상까지는 도달해야 죽을 수 있으니 그조차 녹록지 않더란 말이요. 한번은 택배 기사를 쫓아 들어가는 데까지는 성공했는데 옥상 문이 잠겨 있어서 낭패를 당했다니까요.

약을 먹고 죽을까도 생각했는데 약물에 대한 반응이 달라서 죽기 직전에 위세척을 하고 살아나기도 한다고 해요. 농약을 마셔 버릴까도 생각했는데 뱉어 버리면 그만이겠구나 싶어서 번개탄과 밧줄을 최종적으로 구입했어요. 사는 것도 힘들지만 죽는 것도 어렵다는 걸 알았습니다. 죽고 나서 시신을 거두어줄 사람도 없는데 지저분하지 않게 죽어야 하는데 말이죠. 누군가에게 내 뒤처리를 맡겨야 하는 것이 미안한 마음도 들어요. 끔찍한 주검을 목격하게 만든다는 것에 대한 일종의 죄책감 같은 거요.

한강에 뛰어내려 죽는 것도 나쁘지 않을 것 같았는데 요즘 죽기 전에 발견되어 구조되는 사람이 많더라고요. 또 물에 빠져 죽으면 시신이 4배로 팅팅 불어 터진다고 하더라고요. 그것도 생각하니 끔찍해서 그만두기로 했습니다. 건져내는 사람은 또 무슨 죄인가 싶기도 하고. 어차피 나는 죽어서도 민폐를 끼칠 수밖에 없는 놈이긴 하지만요. 생각해보면 지금 사는 집주인에게도 미안하긴 해요. 큰돈도 아닌데 그깟 돈 몇 푼 좀 벌어보자고 방을 세놓았다가 낭패를 당하는 꼴이지 뭐요. 죽고 나면 누가 이 방에 들어오려 하지도 않을 테고 수군대는 사람들 때문에 얼마나 스트레스를 받을지…… 미안한 마음이에요. 집주인이 나이가 지긋한 사람이라서 그게 더 미안하더라구요.

사고사로 죽는 게 제일 좋은 방법이긴 한데……,
사망보험금이라도 타게 해 주려면요. 그런데 이렇
게 다 망한 판국에 보험인들 유지가 되었겠어요?
진즉에 다 해약했을 거예요. 사망보험이라도 살아
있었더라면 차 사고를 위장해서 죽거나 건설 현장
에 취직해서 뛰어내려도 그만인 목숨인데, 그조차
도 안 되는 생명입니다. 얼마나 내 자신이 구차하
고 한심한지 몰라요……. 듣고 있나요? 아직 전화
끊지 않은 거죠?

  가슴이 두근두근 뛰었다. 어떻게든 이 남자를 죽
음의 문턱에서 구해야겠다는 생각이 들었다. 나는
스스로가 정한 금기를 깨버렸다. 먹고 죽은 귀신
은 때깔도 좋다는데 이왕 죽기로 결심했으니 얼굴
이나 한번 보자고, 국밥이나 한 그릇 대접하고 싶
다고 말했다. 그는 엉뚱한 나의 제안에 아무런 답
이 없었다. 이대로 전화를 끊어버리면 어쩌나 생
각했고, 경찰에 서둘러 신고를 해야 한다는 생각
이 들었다. 전화가 끊어진 것처럼 아무런 소리도
들리지 않았다. 가슴이 덜컹 내려앉았다. 숨소리

가 들리는가 싶더니, 이내 괜찮다는 거절의 말소리가 전해져 왔다.

최대한 능청스럽게 말을 받았다. 하루 미뤄서 죽는다고 달라질 것도 없잖아요. 제삿날이 달라지나? 그러지 말고, 밥이나 한 끼 합시다. 당신의 선택이니 말리고 싶은 생각도 없어요. 내가 살란다고 살 사람도 아닌 거 내가 왜 몰라요. 이렇게 마지막으로 통화한 것도 인연이니 얼굴이나 한번 보자는 얘기지요. 혹시 알아요? 내가 부고장이라도 사람들에게 전달해 줄지. 삶과 죽음에 대한 중대사를 이렇듯 가벼이 던지고 있는 내가 이해되지 않았지만, 이것만이 유일한 길이라 생각하니 너스레를 떨지 않을 수도 없는 판국이었다.

나라고 어찌 두려운 마음이 없었겠는가. 하지만, 살려야 한다. 오늘의 어두운 마음을 넘기면, 내일은 또 살고 싶어지지 않을까. 외로운 날들이 그랬다. 외롭고 쓸쓸했지만 그냥저냥 살다보니 이렇게 전화를 할 수 있는 어플을 만났고, 소소한 수다지만 그들과 함께 하며 마음의 여유를 찾을 수 있었다. 그깟 강아지 한 마리 죽은 걸로 유난을 떤다고 할 수도 있다. 하지만 사무치게 외로운 나에게 똘똘이는 친구였고, 가족이었고, 나의 유일한 상담자였고 위로였다. 갑자기 빈 시간이 많아져 버린 나는 무엇도 할 수 없을 만큼 사는 게 힘들었다.

똘똘이의 물그릇을 치워 버렸고, 개집도 버렸다. 평소 즐겨 입었던 옷을 버릴 때는 얼마나 마음이 헛헛했는지 모른다. 강아지 유모차를 버리고 목줄을 버릴 때는 찔끔 눈물이 났다. 하지만, 누구에게도 이 슬픔을 이야기하지 못했다. 다들 사는 게 힘들었고 이 정도 슬픔은 홀로 이겨내야 하는 몫이었다. 차마 똘똘이를 그냥 보낼 수 없는 나는 유골을 받아 보석으로 만들었다. 똘똘이의 뼛가루는 푸른 구슬로 남았고, 나는 그걸 목걸이로 만들어 목에 걸고 다녔다. 유일하게 조건 없이 내 편이 되어주었던 강아지를 향한 일종의 의리 같은 거였다.

이런 나의 고루한 일상은 누구에게도 말할 수 없는 것이었고, 말이 하고 싶어질수록 나는 더욱 외로웠다. 하지만 전화로 연결된 사람들과 만나며 나는 차츰 밝아질 수 있었다. 세상사 걱정은 오만 가지가 넘었고, 모두가 나름의 방식으로 삶을 견뎌내고 있는 중이었다. 그 견딤의 시간에서 우리는 수다를 떨었고 전화를 하며 울고 웃었다. 마치 오래된 친구처럼 가만히 수화기에 귀를 기울여 주었고 이야기를 끝까지 들어주는 누군가가 존재한다는 것은 퍽 힘이 되는 일이었다.

그도 대화할 사람이 절실했을 것이다. 좁은 쪽방에 갇혀 살면서 다시 세상 속으로 섞여 사는 법에 대해 고민했을 남자의 아픔이 전해졌다. 사랑하는 가족에게 돌아갈 수 없는 스스로의 처지가 한심스러워질 때쯤 남자는 미련 없이 죽음을 결심했을지도 모른다.

나는 그에게 사정하는 투로 말했다. 밥이나 먹자고……. 저승 갈 돈은 못 챙겨줘도 밥이라도 먹여 보내고 싶어서 그래요. 어찌 되었든 이승에서 만나는 마지막 인연이 될 건데 식사라도 한 번 하고 얼굴이라도 알아 둡시다. 술이 좀 깼는지 그는 거푸 한숨을 쉬어댔다. 얼굴 볼 필요가 뭐 있어요.

이제 죽을 일만 남은 걸요.

　그러니 얼굴 한 번 보여 주구료. 뭣이 그리 급합니까? 오늘 하루 더 산다고 달라질 것도 없잖아요. 내가 그쪽으로 가면 될까요? 서울역이라면 자주 드나들던 곳이라 손바닥 보듯 길바닥이 훤해요. 어딘지 말만 하면 찾아갈 수 있답니다. 어쩌면 그렇게 거짓말이 술술 잘 나오는지. 어렵게 그와의 약속은 성사되었다. 서울역 3번 출구 앞에서 우리는 만나기로 약속한 것이다.

　가고 싶지 않다는 생각도 들었다. 죽음을 앞둔 사람의 이판사판을 감당해낼 재간도 없었다. 하지만 나는 옷을 챙겨 입었다. 개똥밭에 굴러도 이승이 낫다고 그를 도와야 한다는 생각이 들었다. 아무것도 하지 않고 그가 죽어버린다면 왠지 죄책감이 들 것 같았고, 후회할 내 모습이 눈에 훤히 보였다. 가는 내내 어떤 말을 해야 할지 곰곰 생각해 보았다. 마땅히 어울리는 답을 찾을 수는 없었다. 맛있는 밥을 대접하고 그래도 죽지 않고 살아보자고 이야기하는 수밖에. 내 삶은 살 만한가, 돌아보면

확실한 답은 없다.

서울역 3번 출구 앞, 남색 트레이닝 차림의 어두운 표정의 남자가 한눈에 들어왔다. 나와 약속한 그가 분명해 보인다. 나는 총총히 다가가 물었다. 전화? 그는 가볍게 고개를 끄덕인다. 찾았다는 안도감 때문인지 슬며시 미소가 번졌다. 나는 앞장서서 걸었다. 맛있는 국밥집을 내가 알아요. 그는 말없이 내 뒤를 쫓았다. 앞서 걸으면서 생각했다. 죽지 않고 살게 만들기에 좋은 이야기가 없을까? 오늘은 어제 죽은 이가 그토록 살고 싶어 하는 내일이라는 말이 생각났고, 어차피 산다는 것은 죽는다는 깃이란 물전에 적힌 말이 생각나기도 했다. 이런 흔한 말들로는 그를 잡을 수 없을 것 같은데 딱히 생각나는 일화는 없었다.

내일이면 죽을 그와 국밥집에 마주 앉았다. 장터국밥 두 개를 주문했다. 여기가 알아주는 곳이에요. 그냥 사람 사는 정이 그리울 때면 내가 찾는 곳이에요. 늘 손님으로 분주한 식당은 코로나 때문이지 한산했다. 그는 소주 한 병 시켜도 되냐고 물었다. 나는 대답 대신 주문을 넣어 주었다. 이곳 국밥은 옛날 맛이 난다고 사람들이 아주 좋아해요. 나는 옛날 맛은 잘 몰라도 그냥 이곳의 왁자한 분위기가 좋아서 종종 찾아오곤 했어요. 무언가 시끌시끌 이야기가 많은 곳, 후후 야무지게 불어가며 떠먹는 국밥은 왠지 맛이 있는 듯 여겨졌지요. 사람이 뭐 얼마나 맛을 알고 먹나요. 다들 분위기에 따라 사는 거지! 나는 제법 인생을 산 사람처럼 말했다. 그는 가만히 고개를 끄덕였다. 한눈에 봐도 퍽 유순해 보이는 인상이다. 그는 배가 고팠는지 맛있게 국물을 호로록호로록 마셨다.

항상 배가 고프던 때가 있었다. 과묵한 남편은 점점 말이 없었고, 아들과의 대화는 늘 헛바퀴를 돌았다. 친구들과 만나도 사는 형편이 각기 다르니 공통분모를 찾을 수가 없었고 이내 외로워지는 순간들에 나는 늘 배가 고팠다. 허기가 져서 식사를 하고 후식까지 챙겨 먹어도 배가 고팠다. 달달한 음료까지 챙겨 마셔서 식욕은 이미 사라진 지 오래되었지만, 배부른 느낌은 아니었다. 생각해 보면 나는 마음이 고팠던 것 같다. 누구도 노크하지 않는 내 마음이 서러워서 허기가 졌다. 그도 아마 그럴 것이다. 위장이 꽉 차도 느껴지는 어쩔 수 없는 허기 앞에서 그는 결국 죽음의 문턱으로 뚜벅뚜벅 걸어갔을 것이다.

고마워요……. 소주를 한 병 거의 다 마셨을 즈음, 그는 내게 처음으로 말을 뱉었다. 나는 그가 천천히 입을 열 때까지 기다려 주었다. 자신의 속마음을 보일 사람이 필요할 거란 생각이 들었고, 조금 기다리면 상대가 먼저 입을 열거란 믿음이 있었다. 나는 말없이 내 몫의 장터국밥을 비우며, 그가 먼저 입을 열어 마음을 보여주기를 잠자코 기다리고 있었다.

어쩌면, 살고 싶었는지도 모르겠어요. 살고 싶은데 살 자격이 없으니까 그냥 죽어야겠다는 생각이 들었어요. 하루하루 살아도 나아지지 않는 것들, 크게 욕심내며 살지 않았는데 무슨 죄를 그리 많이 지었는지 지금 내 손엔 아무것도 남아 있지 않더라고요……. 장터국밥을 먹고 있는데 갑자기

드는 생각이 이 국밥 참 맛있다는 겁니다. 공연히 웃음이 나더라고요……. 슬프기도 하고요. 갑자기 목이 콱 메어 오면서 여기까지 와 주신 것이 참 감사하다는 생각이 들었습니다.

조심스럽게 털어놓는 그의 속마음이 고마웠다. 다시금 삶의 용기를 얻었다는 그것으로 되었다는 생각이 들면서 안도의 한숨을 쉴 수 있었다. 사노라면 좋은 날도 오지 않겠어요? 제 목숨을 생으로 끊는 것도 쉬운 일은 아니지요……. 너무 힘들면 가끔 통화하면서 그렇게 지내요. 죽지 말고 살아야 자식도 만날 수 있어요…….

식사를 끝내고 난 후 나는 그와 함께 인근의 쇼핑몰을 찾아가 옷을 몇 벌 사주었다. 외출할 때 입을 옷도 필요해 보였기 때문이다. 걸칠 옷이 있어야 바깥 외출을 할 마음도 생길 것이다. 후줄근한 옷을 걸치고 거리를 나서고 싶은 사람은 없다. 슬리퍼를 질질 끌고 나온 발에 하얀색 새 운동화를 신겨 주었다. 저 운동화를 신고 사람들이 말하는 꽃길만 걸었으면 좋겠다. 그는 종종 미안한 표정을 지었지만, 한사코 거절하지 않아서 다행이었다. 무엇이든 주고 싶어 하는 내 마음을 순순히 받아들여 주는 것 같았다.

서울역 인근의 찻집에서 차를 한 잔 마셨다. 나와 있는 시간이 불편한지 그는 자꾸 손목시계를 들여다보았다. 얼굴도 모르는 누군가에게 신세를 지는 것이 쉬운 일은 아니었을 것이다. 막상 얼굴을 보니 딱히 할 말도 없었다. 죽음의 결심을 미룬 그는 따뜻한 커피를 마시고 있다. 삶의 시간을 연장하며 자신의 것을 누리는 소박한 시간을 살아내고 있는 셈이다. 죽지 않고 살아준 그가 대견하고 고마웠다. 그가 이 세상에 존재한다고 해서 내게 얻어지는 것은 없다. 하지만, 나와의 통화를 마지막으로 그가 세상에서 영영 소멸해 버렸다면 내 마음이 얼마나 불편했을까. 나는 그를 붙잡지 못한 것을 평생 마음에 걸려 하며 살아갔을 것이다. 그가 무거운 내 마음의 짐을 덜어준 셈이었다.

이렇게 얼굴을 보는 시간도 소중하지 않나요? 죽고 없어지면 그만이잖아요. 사니까 이렇게 마주

앉아 차도 마시고⋯⋯. 힘들어도 앞으로는 모진 마음먹지 말아요. 사람들이 그러잖아요. 죽을 용기로 살아내라고. 그 마음이면 못 할 일이 없다고 하잖아요. 당분간은 술 마시지 말아요. 술이라는 게 공연히 마음을 약하게도 만들거든요. 혼자 있는 시간에 술은 멀리하는 게 좋겠어요⋯⋯. 그는 말없이 고개를 끄덕였다.

그리고 현금 30만 원을 쥐어주었다. 군대 간 아들의 휴가가 길어지면서 주지 못한 아들에게 주고 싶었던 용돈이었다. 밖에 나올 일이 거의 없어지면서 현금을 챙길 일이 없었는데 다행히 수중에 가진 돈이 있다는 게 다행스러웠다.

미안해요. 가진 게 많지 않아서 이것뿐이네요. 용기 잃지 않고 살아주면 고맙고요. 그는 사양하지 않고 내가 준 옷 선물과 돈을 말없이 받았다. 꼭 갚겠다는 약속이 그렇게 반가울 수가 없었다. 죽지 않고 살겠다는 굳은 약속과도 같은 것이라 더욱 반가웠다. 실상 우리는 막상 얼굴을 마주하고는 긴 이야기를 나누지는 못했다. 하지만 오랜 시간 전화 통화를 나눈 사이라 그런지 썩 가까운 느낌이 들었고 말을 하지 않아도 상대의 마음을 넉넉히 읽어낼 수 있었던 것 같다. 그는 좁아터진 남영동 골목길로 유유히 걸어 들어갔다. 나는 그의 뒷모습이 어둠 속으로 총총히 사라질 때까지 지켜봐 주었다. 마음속으로 그의 삶이 오래오래 지속되기를 기원해 주었다. 그는 나의 시선이 느껴진 탓인지 부러 느릿느릿 걸었다. 그가 뒤돌아 나를 확인하지 않는 것이 오히려 마음 편했다.

쪽방촌으로 돌아가 몸은 뉘인 그가 다시 죽음을 생각하지 않는 것만으로도 나는 충분히 기뻤다. 랜덤으로 통화는 연결되기 때문에 우리가 다시 통화를 할 수 있는 확률은 제로에 가깝다. 개인번호를 넘겨주지 않는 한, 우리는 그저 흘러가는 인연으로 남아도 되었다. 하지만 나는 개인번호를 알려주었고, 통화 어플로 절대 사람을 만나지 않겠다는 나만의 철칙도 깨버렸다. 하지만 마음은 무겁지 않았다. 죽는 방법만을 죽죽 나열하던 그가 삶의 기운을 얻은 것으로 만족할 수 있었다.

사실, 통화 어플을 까는 많은 사람은 안녕하지 못하다. 안녕하지 못해서 낯선 사람으로나마 위안을 찾고 싶어서 전화를 거는 것이다. 슬픔에 겨운 날, 위로 받고 싶어서 사람을 찾는다. 가족도 헤아려주지 못하는 마음을 고백하며 수화기 너머의 사람에게 자신의 절박함을 보고한다. 가볍게 던지는 농담 속에, 아무렇지 않게 던지는 일과 속에, 우리의 아픔이 묻어난다. 그래서 자꾸 우리는 전화를 걸어 익명의 그에게 묻는다. 안녕하세요, 라고.

안녕하세요? 누구세요? 괜찮으신가요? 별일 없으시죠? 통화 가능하세요? 이제 우리 그만 끊을까요? 삶의 어디쯤에서 던지는 질문인지 몰라도 우리는 그 수많은 물음에 답하며 통화를 이어간다. 진실과 거짓의 경계조차 알 수 없는 이야기들이다. 사실 관계를 확인할 수조차 없는 그저 통화 어플일 뿐이다. 하지만 우리는 상대의 말을 그냥 진실로 믿어준다. 내 마음이 진심이면 그도 진심이겠거니……, 그렇게 생각한다.

나는 안녕한가? 나에게 묻는다. 별반 안녕하지

못하다. 아직도 똘똘이와 산책을 가고 싶고, 혼자
가 되니 읽고 싶은 책도 없다. 여전히 힘든 어깨의
남편을 보는 일은 버겁고 아들과도 점점 더 멀어질
것이다. 가질 수 없는 사람의 마음 앞에서 나는 좌
절하고 상처받겠지만, 내 음성이 필요한 누군가가
존재한다는 것이 또 다른 삶의 이유가 되었다. 안
녕하지 못한 사람들끼리 안녕한 삶을 응원하며 오
늘도 수화기 안에서 우리는 서로의 안부를 챙긴다.
솔직히 나 자신의 삶도 위태롭고 안녕하지 못하다.
그래서 나는 자꾸 묻는다. 너는 안녕하니?

　내일은 누가 나의 전화 상대가 될까? 오늘의 이
기분을 마음껏 토로하고 싶다. 그는 내게 어떤 말
을 건네줄지 궁금하다. 전화를 하면서 마음의 안
부를 확인하는 우리, 통화 속에서 삶의 위안을 찾
는 우리 전화기 속에서 나와 당신은 삶의 조각조
각을 오늘도 쉬지 않고 낮은 소리로 조곤조곤 읊
조리고 있다.

작품 해설

배성우 (고려대학교 문학박사)

사랑아, 사랑해

영원성을 추구하는 것은 근원적으로 우리가 영원하지 않기 때문입니다. 영원히 살 것처럼 생각하고 행동하지만 우리는 결국 유한할 수밖에 없는 존재입니다. 그래서 영원성에 대한 지향은 더욱 절실할 수도 있습니다. 그런 절실함이 유한성을 망각하게 하고 절망으로 이어집니다. '사랑은 영원해', '영원히 믿어' 무수히 내뱉는 이런 말들이 결국 배신감으로 돌아옵니다. 어리석게도 우리는 이런 배신에도 또 다시 영원성을 추구합니다. 어쩌면 이런

어리석음이 우리에게 살아갈 동기를 주는 것이 아닐까도 생각해 봅니다.

이 작품은 반려돌과의 경험과 사랑에 배신당한 이야기가 교차되어 있습니다. 막냇동생은 학교에서 만들어 온 반려돌을 애지중지합니다. 대화도 나누고 친구처럼 대합니다. 그러나 곧 반려돌을 잊습니다. 실연으로 고통 받던 '나'는 반려돌과 동질감을 느끼며 관심을 갖게 됩니다. '나'는 결혼 직전에 남자 친구의 배신으로 실연을 당합니다. 7년의 세월은 사랑의 감정을 유지하기에 너무 벅찬 시간인 듯 보입니다. 결혼 직전 남자 친구의 배신은 예견되어 있었습니다. '나'는 그것을 남자 친구의 탓으로 돌리고 있습니다. 그러나 이미 두 사람에게 사랑은 없었습니다. 남자 친구의 배신으로 '나'가 괴로운 것은 배신감, 주변 사람의 시선, 패배자라는 인식, 그리고 외로움 같은 것이지 남자 친구를 다시 볼 수 없는 괴로움은 아니었습니다. 그래서인지 '나'는 반려돌이라는 새로운 사랑의 대상을 바로 찾을 수 있었습니다.

'나'가 남자 친구의 대신하여 반려돌을 찾은 이유를 생각해 보면 흥미롭습니다. 사랑의 유한성을 경험한 '나'는 그 원인을 상대방의 배신에서 찾습니다. 그러다 보니 영원히 변하지 않을 반려돌을 사랑의 대상으로 선택합니다. 마치 병아리의 죽음으로 유한성을 경험한 막내가 반려돌을 선택한 것과 같은 이유입니다. 그러나 '나'의 이번 선택도 결국 실패로 끝날 수밖에 없습니다. 막내가 그랬듯이 이제는 '나'가 반려돌을 배신할 때가 올 것이기 때문입니다. 사랑의 유한성을 인식하지 못한다면 우리의 아픔은 계속될 수밖에 없습니다.

이 작품을 보면서 생각해 봅니다. 사랑을 할 때 영원히 사랑한다고 약속하기보다는 '10년 만 사랑할게', '1년 만 사랑할게'라고 약속하는 것이 어떨까 생각해 봅니다. 사랑의 유한성을 인식하고 사랑을 시작한다면 우리들의 사랑의 모습이 지금과는 다르지 않을까 생각해 봅니다.

달팽이 사랑

갓 태어난 아이를 보면서 행복을 느꼈습니다. 세상에 감사하고 더욱 열심히 살아야겠다고 생각했습니다. 일을 마치면 아이부터 찾고 아이와 눈을 맞춥니다. 옹알거리는 모습과 걸음마를 봅니다. 한 걸음 걸을 때마다 기특해 하며 내 아이는 특별한 아이가 될 것이라고 생각합니다. 그렇게 우리는 아이를 키우며 정성을 다했습니다. 우리 자신보다 아이를 먼저 생각하며 그렇게 애지중지 키웠습니다. 그런 우리의 마음에 부담이라도 하는 듯이 아이도 모든 것을 우리에게 의지해 왔습니다. 그러다 보니 우리는 아이를 우리의 소유물로 착각하는 경우가 생깁니다. 아이는 우리의 소유물이 아닙니다. 아이를 소유물로 여길 때 우리는 불행해질 수 있습니다.

이 작품은 자식에 대한 엄마의 이런 마음을 그리고 있습니다. 우연히 달팽이를 키우게 된 나는 달팽이에게 정성을 다하면서 태국으로 떠난 아들을 생각합니다. 정성을 다해 달팽이를 키우다 보니 정성을 다해 키웠던 아들이 떠오릅니다. 아들이 성전환 수술을 하겠다고 하면서 '나'와 아들은 갈등을 겪게 됩니다. '나'는 분노했고 아들은 태국으로 떠납니다.

이런 '나'는 달팽이를 키우며 아들을 생각합니다. 달팽이에게 쏟는 사랑이 마치 아들에게 대했던 사랑처럼 느껴집니다. 흥미롭게도 달팽이를 키우는 과정 속에서 '나'는 아들을 이해하기 시작합니다. 달팽이에게 정성을 쏟으며 초기에는 아들을 원망합니다. 달팽이에게 하듯 이렇게 정성을 다했음에도 자신의 조그만 소망조차 들어주지 않는 아들이 원망스럽습니다. "크게 욕심을 낸 것도 없는데, 그것조차 못 해주는 아들이 미웠다." 그러다 아들에게 쏟았던 정성이 오로지 아들만을 위한 것이 아니라는 생각을 합니다. 아들을 자신의 욕심대로 키웠던 것이 아닐까 반성하기 시작합니다. 귀가 없어 듣지 못하는 달팽이에게 클래식 음악을 들려주는 자신의 모습을 보면서 아들도 그런 생각을 하지 않았을까 반성합니다. "귀가 없어서 소리를 듣지 못한다. 하지만 나는 달팽이에게 종종 좋은 음악을 들려주었다. 그냥 좋은 걸 전하고 싶은 내 마음이었다. (중략) 나는 귀가 없는 달팽이들과 클래식 음악을 즐겼다. 아들에게 나도 그런 엄마의 모습이지 않았을까." 이제 '나'의 반성은 아들의 성전환 수술에 대한 반대가 아들을 위한 것이 아니라 자신을 위한 것이 아닐까 라는 데까지 이릅니다. "나는 주변의 시선이 싫었던 것 같다. (중략) 어리석은 엄마 아들의 인생보다 내 인생이 중요했다."

떠나간 아들 대신에 왜 달팽이 양육에 집중했을까 생각하는 것도 흥미롭습니다. 정성을 다한 아들이 제 길을 찾아 떠난 것에 대한 실망이 달팽이 양육에 관여했을 것입니다. 달팽이는 자신의 정성을 외면하거나 자신의 뜻을 거슬리며 떠나지 않을 것이기 때문입니다. 그런데 '나'의 달팽이 양육이 자식에 대한 반성으로 이어집니다. 이것은 〈사랑아, 사랑해〉의 전개와는 다릅니다. 〈사랑아, 사랑해〉에서는 남자 친구 대신으로 반려돌을 사랑하지만 그 과정에서 남자 친구에 대한 이해는 없기 때문입니다. 어쩌면 '나'는 달팽이를 양육하지 않았어도 언젠가는 자식을 이해했을 것 같습니다.

누군가 제 짧은 삶에서 가장 행복했던 순간을 묻는다면, 아이를 키웠던 순간이라고 말합니다. 아이로 인한 힘들고 지친 순간도 행복했습니다. 우리는 아이를 위해 아이를 낳지도 않았고 아이를 위해 아이를 키운 것이 아닙니다. 우리는 우리를 위해 아이를 낳았고 우리를 위해 아이를 키운 것입니다. 아이는 태어나 잘 자라준 것만으로도 아이는 우리에게 스스로의 역할을 다했다고 생각합니다. 이제 우리 아이들이 어떤 길을 가더라도, 그들도 그들의 삶을 우리처럼 살아갈 수 있도록 도와주는 것이 우리에게 행복을 준 아이들을 행복하게 하는 길이 아닐까 생각해 봅니다.

나의 은수, 안녕하세요 어플

두 작품 모두 갈등의 근원은 외로움에 있습니다. 〈나의 은수〉에서는 중년 남자의 외로움, 〈안녕하세요 어플〉에서는 중년 여자의 외로움이 이야기의 바탕이 되고 있습니다. 중년 남자의 외로움은 가족 간의 소통 단절이 원인으로 보입니다. "가족들 중 누구도 나의 늦은 귀가를 기다리지 않는다." "아내는 늘 나를 내버려 두었다. 그것이 사람을 얼마나 허전하게 하는지 그녀는 알려고 들지 않았다." 중년 여자는 애완견 뽈뽈이의 죽음이 직접적인 원인인 것처럼 말하지만 이미 그녀 또한 소통의 단절을 경험하고 있습니다. "코로나 이후, 찾아다닐 모임이 단절되었다." "아들은 전자우편 주소를 가르쳐 주었지만 (중략) 무관심한 세월이 길었던 탓에 우리는 서로에게 할 말이 없는 무관심한 모자 지간이 되어 있었다." 그녀는 외로움을 뽈뽈이를 통해 해소하고 있었습니다.

그들은 각각 자신들의 외로움을 해소하려고 노력합니다. 중년 남자는 인형돌을 통해, 중년 여자는 통화 어플을 통해 해소하려고 합니다. 둘의 해소 방법은 차이를 보이는데, 중년 남자는 육체적인 갈망을 해소함으로써 외로움을 벗어나고자 한 반면 중년 여자는 정신적인 공허함을 채움으로써 외로움을 벗어나려고 합니다. 일시적이지만 둘 다 그들의 방법에 커다란 만족을 느낍니다. 공통적인 것은 둘 다 지극히 이기적이라는 점입니다. 중년 남자의 인형돌은 그에게 어떤 것도 요구하거나 강요하지 않습니다. 중년 남자는 자신이 원하는 만큼 사랑을 줄 수 있고 자신이 원하면 영원히 사랑할 수 있습니다. 중년 여자의 경우, 상대가 누군지, 상대가 진실을 말하는지 어떤지 크게 관심이 없습니다. 자신이 할 말을 하는 대가로 상대의 이야기를 들어주면 됩니다. 원하지 않으면 언제든지 자신은 통화를 중단할 수 있습니다. 그런 점에서 중년 남자와 인형돌, 중년 여자와 어플 속의 상대자 사이의 관계는 정상적이지 않습니다.

작품 속에서 중년 남자는 영원히 인형돌과 함께 할 것을 다짐하며 끝이 납니다. 그러나 〈사랑아, 사랑해〉의 막내가 반려돌을 사랑하다 방치한 것처럼 중년 남자의 사랑도 그렇게 끝이 날 것입니다. 중년 남자도 인형돌로는 결코 정신적인 외로움을 채울 수 없기 때문입니다. 김 과장의 이야기는 정신적인 외로움의 중요성을 말하고 있습니다. 김 과장은 인형방을 돌아다니며 육체적인 해소에 집중합니다. 김 과장은 아내의 관심을 집착으로 생각하기도 하지만 그녀의 관심으로 인하여 김 과장은 정신적인 외로움을 느끼지 못하며 살았습니다. 그런데 그녀가 죽은 이후 김 과장은 모든 일에 의욕을 잃고 무너집니다. 그녀의 죽음이 그에게 정신적인 외로움으로 다가온 것입니다. 중년 여자의 해소 방식은 조금 더 가능성이 엿보입니다. 자살을 시도하려는 남자를 위해 만나서 대화하며 그에게 베푼 온정은 우리의 외로움을 채울 수 있는 통로가 될 수도 있을 것입니다. 그러나 통화 어플 자체의 이기적인 속성을 넘어서지 못한다면 순간적인 해소로 끝날 것입니다. 다행히도 중년 여자는 통화 어플로 사람을 만나지 않겠다는 그녀만의 철칙을 깨 버립니다.

〈사랑아, 사랑해〉, 〈달팽이 사랑〉, 〈나의 은수〉, 〈안녕하세요 어플〉 이 네 이야기의 갈등은 모두 외로움을 바탕으로 전개됩니다. 작가가 이 작품들 속에서 제시한 이 외로움은 현대 기계 문명이 우리에게 안겨 준 소외와는 다른 차원입니다. 어쩌면 이 외로움의 근원은 현대 문명 훨씬 이전부터 존재해 온, 인간의 근원적인 문제가 아닐까 생각합니다. 이 작품들은 이 외로움을 각각 자신들의 방식으로 해결하려고 하고 있습니다. 〈사랑아, 사랑해〉는 반려돌을 통해, 〈달팽이 사랑〉은 양육을 통해, 〈나의 은수〉는 인형돌을 통해, 〈안녕하세요 어플〉은 통화 어플을 통해 해결하려고 합니다.

그러나 작가는 이 방법들을 우리에게 제시하는 것에 서사의 목적을 둔 것으로 보이지 않습니다. 보다 근원적인 문제인 외로움의 근원을 우리에게 제시하려고 하고 있습니다. 네 작품의 주인공은 모두 가장 가까워야 할 사람과의 소통이 단절됨으로 인하여 고통 받고 있습니다. 영원히 자신의 곁에 있어줄 것 같은 가까운 사람들과의 단절이 외로움의 근원임을 보이고 있습니다. 더욱 비극적인 것은 어느 일방의 잘못이 아니라는 점입니다. 유한한 존재인 스스로를 인식하지 못하고 상대방만의 영원성을 요구하는 성향이 외로움의 근원임을 작가는 말하고 있습니다. 결국 우리는 외로울 수밖에 없는 존재이고, 그것을 감내하는 것이 우리의 삶임을 말하고 있습니다. 사랑에 멍들고, 삶에 지쳐 힘든 사람들에게 좋은 위안이 되어 줄 작품들입니다.

작가 후기

두 번째 소설집이 세상에 나왔습니다. 책을 펴내면 자식을 낳는다는 것과 같다고 하지요. 제가 써낸 활자들 앞에서 문장의 진실함과 진정성에 대해 오래오래 고민하고 쓴 작품들입니다. 두 아이가 세상에서 당당하게 제 목소리를 낼 수 있도록 최선을 다했습니다.

출간이 결정된 첫날, 신문사로부터 신춘문예 당선 소식을 들었습니다. 그동안 크고 작은 공모전에는 여러 번 입상을 하였지만, 신춘문예 당선은 아득히 멀게만 느껴졌습니다. 자신만의 세계를 자신만만하게 구축해 가는 문청들 앞에서 공연히 주눅

이 들기도 했습니다. 하지만, 많이 읽고 공들여 쓴 시간들은 저를 배신하지 않았습니다. 정직한 기쁨을 마음껏 누리겠습니다.

첫째 아이를 세상에 내보내고 아쉬운 점들이 많았습니다. 오래 눈길이 머문 문장임에도 불구하고 아쉬운 마음이 남아, 더 많이 보듬고 쓰다듬은 두 번째 소설집입니다. 제 손을 떠난 소설은 독자에 따라 다른 주제로 읽히기도 하고, 전혀 생각지 않은 또 다른 이야기가 되어 독자의 마음에 닿기도 합니다.

지루한 장마의 끝자락에서 문득, 보고싶은 얼굴이 있습니다. 작품집을 보면 아이처럼 환하게 웃으시며 좋아하셨을 어머니입니다. 당신은 이미 세상에 존재하지 않지만, 어머니와 저는 눈에 뵈지 않는 끈으로 오늘도 닿아 있습니다. 그리운 어머니께 두 번째 소설집을 맘껏 자랑하고 싶습니다. 곧잘 함박웃음을 지으시던 어머니께서 반갑게 받아주실 것입니다. 끝날 것 같지 않던 무더위도 지나가고 있습니다. 지루한 장마조차 함께 견뎌주는 당신들의 소중한 온기, 잊지 않겠습니다.

2021 지루한 여름 장마를 견디며
소설가 오명희

안녕하세요

초판 1쇄 발행일 2021년 09월 30일

글   오명희

교   정 양계성, 노은희
편집디자인 최형준
진   행 유은정

발 행 인 최진희
펴 낸 곳 (주)아시안허브
출판등록 제2014-3호(2014년 1월 13일)
주   소 서울특별시 관악구 신림로19길 46-8
전   화 070-8676-4003
팩   스 070-7500-3350
홈페이지 http://asianhub.kr

ⓒ (주)아시안허브, 2021

값 15,000원
ISBN 979-11-6620-099-1 (03800)

※ 이 책은 경기문화재단의 지원을 받았습니다.